……SH懂你也讓你讀得懂……

淘寶老房子，民宿就有故事

20位民宿老闆的
老房子 "圓夢創業記"

推薦序

近年來，地球綠色資源逐漸
為人類所消耗殆盡中⋯⋯

　　「老房子的改造」，本身就是件極具意義並且響應環保的事。不少這方面的能人雅仕，一方面基於「文化資產」的維護，一方面得利於地球資源的延續議題，主張訴求「舊屋改造再利用」的風潮。只不過，一般人要將老房子改造成供公眾使用，且極富特色的舒適空間，可能要比當初這棟建築物初始設計而成，所考慮的因素和條件複雜得許多。

　　《美化家庭》雜誌這幾年以來，洞觀前瞻，以「老房子改造」為主題，製作一系列深入淺出的探討。其間，邀集了屋主、設計師，乃至造訪相關主題類的專家學者，記錄編排一手資訊，也匯集了修復老房子應該注意的事項。提供了讀者對於老房子，如何應對既有的資源整合再利用的方法。同時，也喚起社會大眾對於先哲們所遺留下來的文化資產，進行另一角度的欣賞。體認有時候古蹟並非是種負擔只要懂得利用它可以是財富也可以轉變成幸福；用點巧妙心思便能轉化成獨一無二令人驚豔的空間。

　　我的工作職業為「古蹟修復建築師」。整體工作內容是基於政府對於各類古蹟修復的流程，約略分成：「調查研究」、「規劃設計」、「工作紀錄」等三個進程。其中，前置的「調查研究」是針對這棟建築物，

進行歷史背景的調查。應細讀這棟建築出現在歷史進程中，所扮演的角色和當時期社會所發生的重要事件。抑或，在這棟房子內，曾經發生的特殊情事。

　　再來，是研究其建築特色。看看在當時期，社經背景下的那個年代，所流行的建材和興建的方式。主要目的，就是為了讓下一階段的「規劃設計」有充分參考的依據。

　　前述修復古蹟流程的概念邏輯，可作為有心改造老房子讀者的參考。亦即，在決定「改造」之前，最好先就其形成脈絡過程中，所占居的角色進行了解。事件重要與否可以影響判斷了解之進行；也希望在「改造」前，可以詢問有無特殊目的用途或藝術價值。透過這些處理古蹟修復的邏輯，或許可以讓讀者或屋主們由另一角度審視改造的範圍。

　　一位「老人」經改造化仍保有其「個性特徵」是最完美的呈現，讓國外的旅客也能體會台灣歷史建築的美，也是舉世獨一無二的成就啊！

許育鳴

順勢而為，讓老屋得以存在，
也讓自己夢想成真

因為想開民宿而寫了這本書，在寫的過程中發現每位民宿主人雖然都有其辛苦的地方，但都很自在地活著，每個人都在生活中有自己的一片天，也更懂得如何體驗生活，享受生活，令人嚮往。

以前覺得開民宿動輒要上千萬，現在發現其實可以不用一開始就準備如此龐大的資金，便可以實現自己的民宿夢，這裡要鼓勵大家一起來做間有特色的民宿，尤其是挑選老屋來做改造，一同將珍貴的文化遺產保存下來，個人認為這也是古蹟保存很好的型式之一，因為有人住的地方就會有人去維持，就一個屋子而言也比較不容易壞，同時也是最貼近古厝，最能讓人實際感受到老屋風華的方式。

隨著採訪愈多民宿，就愈發現怎麼民宿主人都那麼親切，後來在接近採訪民宿的路上，看到旁邊走路經過的阿伯或站在一旁看著我們的阿姨，都會忍不住猜測那是不是就是民宿主人，感覺好像任何人都有可能是民宿主人，可以想見民宿主人有多親民。 這點，其實就是客人會選擇住民宿最大的誘因—人情味。

關於開民宿，聽到許多好好壞壞，有些人說開民宿時間會被綁住，有人說開民宿很辛苦，但我覺得是得失心的問題，因為民宿本意其實是家中未使用的房間分享出去，賺點外快貼補家用而設，若能夠把民宿當成自己另一個家，較不會有「投資回本」的壓力。這一切還是必須回歸民宿主人的個性和想法，畢竟民宿是很個性化的產物。

收集到愈多人的故事和經歷，對於開一間怎樣的民宿、開民宿會遇到的問題和麻煩、開民宿前所需要做的準備和心理建設，就愈有概念和想法，但不得不說民宿也是有所謂的「民宿緣」的。這本書的許多民宿很多就是這樣一切都水到渠成的順勢而為，因此，與其為了想開民宿而開民宿，我較為傾向讓民宿在某個時機點自然而然地發生在生命中。

在此也祝福各位因民宿而生命開始有了美好的改變，這是每位民宿主人最大的希冀，讓民宿拉近你我彼此的距離，讓民宿的生活帶給你燦爛的點滴。

CONTENT 目錄

Part 3 築起溫馨浪漫的美型民宿
講特色、顧細節，堅持真材實料變身頂級旅店

附錄

Part 1

走進時光隧道的懷舊民宿

修老物、找舊材，善用身邊資源創造仿古意境

讓老屋成為一個會自己說故事的場域，
善用老屋本身留下的古物，或是到處搜羅各式懷舊古董。
老房子不再老、民宿也不再只是民宿，
而是一個時光隧道，帶著旅人回到久遠前的兒時憶趣。

過氣老旅社
變身
文藝旅店

Solo Singer B&B

民宿的氣質，旅社的規模；一群有理想的年輕人，
將已有超過六十年歷史的老旅社重新改造，變身成富有個性的特色旅店，
住的地方不再只是單純過夜處，成為了人與人間的多元交流文化平台。

老屋變民宿 info

民宿經理　阿璇

老屋×民宿　改造項目

拆除工程、泥作工程
屋瓦修復工程、防水工程
電路管線重新配置工程
油漆工程、新增浴廁空間
木地板鋪設、大門改造
廁所門特意挑選老木門重新安裝
所有房間重新設計及裝潢
將原本固定式櫃檯剷平移位
移植原有家具賦予新生命
原有的大門深色玻璃修復工程
水塔空間重新整理，將原本的水塔
位置空出來，轉變成可休憩的祕密
基地空間。

開業時間	2012年8月
經營型態	租屋
建築前身	60年歷史的老旅社
籌畫與施工時間	一年
地址	台北市北投區溫泉路21巷7號
電話	02-28918312
網址	http://thesolosinger.com

朋友聯手×溫泉老旅館復興計劃

1. 可以透過導覽，細細帶領客人聆聽每一個物件背後的故事。
2. 一個場域可以建立許多連結，透過各類的活動分享與講座等，希望激盪出更多的想法與發酵。
3. 旅行就像是換個家生活，希望每一位客人在這裡可以像在家一樣的自在舒適
4. 住宿空間會隨著時間的堆疊不斷累積不同的樣貌，會醞釀活的生命在流動著。
5. 持續性的修繕維護與珍惜的使用，是保存老房子不可或缺的。

改裝前有著無法看透裡面的深色大門，是過去老旅社都會有的特色之一。

改裝前的房間。從床架組和電話上都可以看出來使用時間的久遠。

老屋民宿的故事 | 一個念頭改變老旅店的生命

一群富有理想的年輕人在聊天過程中興起了將老旅店復興的想法，開始了Solo Singer B&B的故事。

他們開始尋找有年代的老旅店，並寫信給許多旅社老闆們，最後收到了一間在北投巷弄中的旅店老闆回覆。這間老旅社就像其他歷史久遠的旅社一樣，斑駁的招牌、無法看透的深色大門、高聳的櫃台幾乎遮住服務人員、藏身於巷弄中的巷弄，卻有位熱情的老闆娘。兩方人馬見面之後，觀念一拍即合，於是簽下15年的長期租約，讓老旅社就此有了新生命。

讓每個房間說自己的故事

老旅店改造團隊的每個成員都是有理想、愛旅行、交朋友的人，在改造老旅館時重新思索了民宿的意義：旅館不應只是單純的居住空間，而是拓展人與人連結的交流平台。因此，邀請從事藝術創作的朋友以「自己的房間」為主題，設計每間房間，參與創作的人有：藝術家、策展、導演或舞者……等，也因此增加了The Solo Singer B&B的可看性。

每個細節都存在著不一樣的故事

走進Solo Singer B&B，一景一物似乎在這裡的一切物品都有屬於它的故事，懸掛在廚房磚牆奇怪位置的盆栽、窗外不經意一瞥的藝術創作、LOGO圖案樣式的來源。

舞台設計師　林仕倫　創作的房間 ⣿

張愛玲 金鎖記

1.某為攝影師設計的房間，有個類似「暗房」的小角落／**2.**以鎖頭強調金鎖記的牆上裝飾，讓主題更加明確／**3.**牆上掛的照片以金框和金鎖感的裝飾來帶出張愛玲所屬的30年代懷舊風情／**4.**張愛玲著作之一金鎖記主題房間。

剪紙創作者　古國萱　所創作的房間 ♣

有
光

1.保留原本牆面斑駁觸感,讓房間不單調,加上投射燈光,使房間精緻又舒適／2.房間內有一排古國萱小姐手剪的北投印象作品,有:榕樹下玩球的狗、居民灑米餵鳥、市場賣雜貨的車子……等。有趣的是,客人們也把自己剪的創作貼在旁邊,成為Solo Singer B&B的一部分了。

多媒體設計師　瞇　所創作的房間 ♣

顯
影

明亮舒適,適度保留原有的舊磚和床頭門縫填補的痕跡,創造牆面材質的多層變化。書桌前的黑藍照片也是特意用同一個物件但不同顯影方式所呈現不同效果的兩張圖片。

作家　鍾文音　所創作的房間

顯影之星

1.牆上照片是創作者精挑細選有著美好回憶的照片／2.美國藝術家Eric在房間窗外的牆上畫上了他的藝術創作，讓窗外的單調的風景也變得很有看頭／3.在早晨的某個時刻剛好會有陽光直接射進廚房的這個角落，光影就會剛好灑在盆栽植物上，瞬時會被這簡單而普通的事物感動到／4.創作者喜歡榻榻米，所以創造了一個榻榻米的角落，或坐或躺都很適合。

Before & After 老屋改造全記錄 │ 工程篇

瓦片屋頂下的光景，是早期瓦頂民宅子四導水屋頂工法，民宿主人特意將屋頂建築結構裸露，讓旅客也可欣賞木頭橫列交綜的美。

1 建築結構 + 格局 + 建材
老屋改民宿最大挑戰在「溝通」，細心、耐心很重要

　　老建築改造時最困難、同時也是最有趣的一點，就是讓創作者的想法和老屋融合，這不僅需要與創作者溝通，也要和工班師傅做協調。

　　當創作者在設計房間時，需要與團隊共同討論，以使用者（房客）的觀點出發，設計出最適合居住的空間。而施工方面，要求做工老師傅細心保留老旅社的古味，例如：破碎的地磚、透氣花窗、水泥牆刻意抹得不平整……等，這些對老師傅來說，不僅作工麻煩，還覺得年輕人愛耍花樣，但團隊不斷地細心溝通，最後老師傅竟然也愈做愈有興趣了。

許老師修復術

台灣地區常見的傳統屋頂型式

二導水（雙披式）：

是台灣地區最常見的傳統瓦頂型式。因為台灣多雨、多震，雨水多會沿著屋頂的接縫和接點滲入屋頂內層，造成防水層滲透、民宅樑柱腐朽；而二導水屋頂的接縫最少，且工法較單純、用料省，所以一般民宅屋頂多是二導水型式。

水直接由沿著屋簷流下，較不易滲水。

四導水：

四導水的瓦頂現存已不多，且其瓦片排列是四面方向各不同，屬於較高工藝手法的瓦屋。相較於二導水，四導水屋頂是四面瓦頂重量會較重，所以底下的樑柱層疊比二導水繁複，而必須選用上好木料，也要夠粗壯，因此多出現在大戶人家的宅院，或是廟宇、官衙。但是四導水屋頂的屋簷接點、接縫多，所以非常容易滲透，必須在內部的防水工程做得更紮實，因此較複雜，現代的工匠多不懂，造成懂得修復四導水的工班稀少。

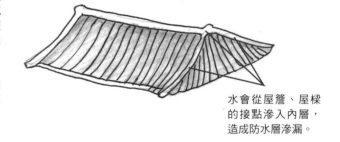

水會從屋簷、屋樑的接點滲入內層，造成防水層滲漏。

歇山式：

歇山式屋頂在台灣地區並不常見，由圖片便可看出，歇山式的接縫、接點非常的多，因此並不適合多雨的氣候環境。歇山式瓦頂多出現在中國大陸北方的乾燥氣候區域，南方的潮溼氣候讓它不易生存；但歇山式極為氣派，官衙建築為現氣勢，所以台灣偶爾會出現。

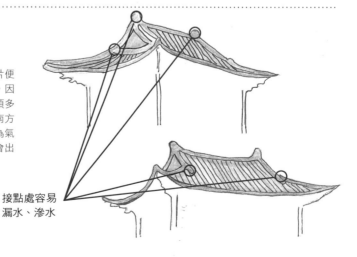

接點處容易漏水、滲水

1.老師傅自己發揮創意，在粉刷牆面時混合了藺草，在燈光照耀下，不僅獨特又有手感，成為藝術材質的表現／2.在改裝過程中，保留的原件包含：斑駁感的牆面、樓梯花紋扶手、樓梯下的燈飾和一樓的地板磁磚／3.Solo Singer B&B的屋頂因為新舊瓦尺寸不同，不容易完全照傳統工法修復，最後只能折衷，以水泥加強屋頂的紮實和防水／4.這間仿樹紋的牆面設計，是創作者想讓旅客有種住在樹屋裡的感覺，於是親手用水泥一點一滴把形狀勾勒出來／5.在樹屋房間中的小角落，礙於空間不夠，用木櫃架高，讓客人有更舒服的閱讀空間。

保存四導水老屋頂，讓層疊的楹樑成為室內藝術之一

在翻修過程中，當把三樓的屋頂整個打通後才發現原來房子的屋頂是用古式的紅瓦，連原本的旅舍老闆娘都不知道呢；而且老旅店的屋頂是台灣民宅相當少見的「四導水」型式，當然要好好維護保存下來囉！

不過，台灣地區向來多雨，同時北投又是溫泉區、靠近地震帶，其實不太適合紅瓦四導水屋頂。而且一般瓦片通常較薄、非常脆弱，所以在修復過程中還特意逐層、逐片檢查，是否有破損、脆裂的瓦片。

就老屋修復工程來說，屋頂修復防水工程被視為重要的一環。團隊特意請師傅重新補強，將屋瓦掀掉後，重做防水層，修復其功能性；過程中，將完整的瓦片集中在一區舖排，尤其這種五十年前的台灣瓦，要再找到同樣顏色和尺寸相當困難，所以在修復過程中都會將新舊瓦片混著舖排，呈現自然的色調。

許老師修復術

傳統屋頂的防水工法

台灣潮溼、多雨又多颱風，傳統瓦頂的防水工程
必須做得非常實在，否則就容易造成整棟屋宅的
腐朽、損壞。傳統瓦頂在外露的瓦片及屋內可見
的屋樑中間，藏著老祖宗的防水大智慧。

從屋瓦由上而下到楹樑，其中的結構是：屋面
瓦；最常見的是紅瓦，其次是灰瓦，較高級的就
屬琉璃瓦。防水層；這一層是防止水氣滲入的第
一道關卡，所以必須紮實。粒料層；是加強防水
層功效的鋪料。望板瓦；位於粒料下方，等於是
阻止水氣流入的最後防線。桷仔條；承載上方防
水層的木條板，若此層遭受水氣滲入，就表示屋頂
的防水出現漏洞。最下層的楹樑，最主要的功能
就是撐住屋頂的重量，因此屋頂的楹樑愈多、愈
複雜，就表示屋頂的重量很重，或是屋頂的裝飾
華麗、花俏。

屋頂防水層經過七到八年後容易有脆化問題，因
此久未整修的屋頂普遍都有漏水問題。

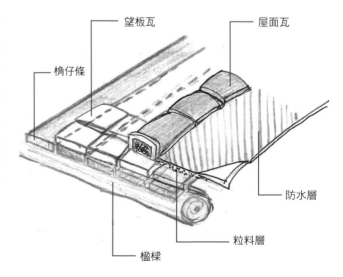

1

② 門 + 木板
空間再利用，水塔底層的儲藏室變成綠花房

老旅社有兩座混凝土砌成的老水塔，過去為了加強管線的水壓，會利用水泥磚牆，或是其他方式墊高，一般民宅墊高的空間都會閒置在那兒不管；但老旅社不一樣，過去的主人將這兩個相鄰的空間，加上了透氣花窗，變成另類的儲藏室。

而設計團隊也延續了這樣的創意，再多加一些新想法，讓它搖身一變成為小孩子的祕密基地，簡單地鋪上木頭、裝個小燈，就是個涼快自在的小天地。

傳統舊木門+義大利門鎖，成為東西方的奇異融合

Solo Singer B&B廁所門也大有來頭，是一位傳統木門師傅的精心收藏，經過去漆打磨後，再依每間房間的尺寸量身訂做，走近細看，還可發現傳統木門直立條柱的圓孔洞。

就在Solo Singer B&B即將改裝完成之際，創辦

人之一小馬到義大利旅行時，路過一間古董店，發現許多古董門把，於是就把這些歐式華麗門把帶回台灣，巧妙地與傳統木門融合，在老空間裡做出完美的演繹。

他處的廢棄木頭，拾回再製，成為民宿的新裝潢

在Solo Singer B&B可以看到木質地板豪邁地平鋪在整棟三層樓的空間，不僅可以讓客人放鬆得赤腳行走，也讓整體空間多了點溫暖。而這批木頭曾經是另一間老建築的建材，當老建築拆除時，設計團隊把這些為廢棄木頭全都載回Solo Singer B&B，讓這些外表質感好、內部紮實的舊木材重生。

1.原是神明廳的空間和外面的水塔也都盡可能的保留原狀，改造成小書房和戶外的綠空間，成為客人們最喜歡的空間之一／**2.**木頭也可以被拿來當成鏡子的鏡框／**3.**曾經是別間即將拆除老建築的一部分，後來撿回來的廢棄木頭鋪在公共區域的地板上，讓客人可以舒服的光腳走動，腳底有種溫潤感／**4.**台灣傳統木門和西方巴洛克花紋把手的結合。

改造小叮嚀

3 力保老屋裏的老物，除了懷舊，也讓老屋自己說故事

改造團隊在改建過程中，以「能留就留，能不動就不動」的原則，傾全力保留老房子的構造和物件，因此Solo Singer B&B不管是房間的格局、建築樓層結構、浴廁空間、地板磁磚、大廳的深黑色鏡子、六〇年代的燈飾、舊式花窗和原始斑駁的招牌通通都留下，只因為保存老物，才能這棟老房子自己說己的故事。

空間再造並舉辦活動，活化鄰里社區，引起共鳴與連結

Solo Singer B&B位在巷弄間的巷弄，沒明顯的招牌，不太好找，但附近鄰居都會好心幫忙住宿客人指路，還會跟住宿客人聊天，讓來住的客人感受到北投的純樸熱情。

因為Solo Singer B&B不斷積極找出許多結合在地社區人文的方法，在當地辦了很多有意義的活動，例如：捐髮義剪幫助癌症病患。這樣的活動頗受好評，也讓社區活化，讓地方產生正向回饋，加強地方鄰里間的感情聯繫。

1.為了創造懷舊感，特意找了傳統的綠色信箱掛在室內牆上，讓旅人可以投下明信片，而Solo Singer B&B的工作人員則會幫忙寄出／2.老旅館原有的燈飾，典雅又漂亮／3.老味道的古董按鈴就擺在張愛玲金鎖記的房間，也是民宿團隊夥伴們的收藏之一喔／4.老旅館內的洗臉盆，經過改造後重新被拿來使用／5.別小看這張老搖椅，也是古董／6.團隊平常收藏的古董打字機，增添懷舊感。

民宿創業企劃書

總金額	1200萬元
房間數	10間
建物性質	60年歷史的老旅社
各項費用	外觀硬體600萬元、內部裝潢240萬元、軟體24萬元
每年維護成本/項目	50萬
旺季月份	秋冬季(位在北投著名的溫泉區)

選址階段

1 改造的主軸單純考量旅社本身的歷史意義

民宿團隊單純為了想讓老店復興,因此最主要的設計考量和規劃,都是以旅店本身的歷史意義與保存性而決定改造計畫。

改造階段

1 老屋復興計畫需長時間延續,經費完全是靠團隊每個人存款跟借貸

由於團隊希望老屋的復興是長時間且延續的計畫,因此承租方式一次簽了十五年租約,而且此計畫主要是靠大家的個人存款跟借貸,沒有政府補助。

2 老旅店隔音差,換裝隔音功效強的門,可加強房間隔音

由於房間的隔間皆維持原有架構,因此是在不破壞原有的基礎下,加強隔音,例如裝了品質更好的隔音門。

3 原本就是旅館空間,消防法規等相關安全檢和非難事

原有的建築就有旅館的使用執照,只要變更負責人即可,手續上不會像重新申請那麼麻煩,因此在使用執照的申請上不太會造成問題。

4 窗戶看出去景觀不理想,就用窗景和室內裝置藝術補救

由於房子身在巷弄間,只有頂樓稍微有景觀可看出去,所以為了讓房客窗戶外能看到不錯的美景,在其中一面窗外有請駐點藝術家在牆上做即興創作,並盡量讓屋內不無聊,發展不同主題和精選的書籍,讓人在屋內也可享受美好時光。

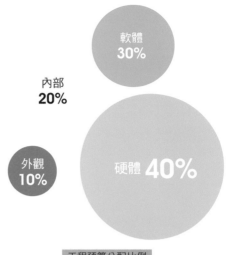

軟體
30%

內部
20%

外觀
10%

硬體 **40%**

工程預算分配比例

經營維護

1 透過導覽,細細帶領客人聆聽每一個物件背後的故事

因為Solo Singer B&B裡每間房間都有不同主題,所以每個房客來都會帶領著他們認識房間和整棟房屋,並且也在房間中的房客指南訴說這間老旅館的故事,讓人更加感受這間老旅館獨特的魅力。

2 持續性的修繕維護與珍惜的使用,是保存老房子不可或缺的

老物的使用壽命都已很長,堅固性不若新的東西,使用上更是要細心的維持和愛護,像是特殊的燈泡、門把或冷氣,都是會隨使用時間常而損耗,這些老物的修繕工程和費用勢必不可少。

3 引發客人也把自己的手作加入空間裡

與房客的互動不只是人與人之間的互動,有時房間擺設或樣貌也會因此而變化,例如「有光」房間內一排古國萱小姐手剪的作品中旁邊就多了客人的剪紙作品,桌面也多了客人親手摺的兩隻竹編小狗,這樣活的生命在房間裡流動的過程讓人感到有趣。

4 透過部落格的宣傳,可以外國客人居多數

Solo Singer B&B的獨特設計風格和共同合作的創作者圈都是屬於文創類的人,對於外國人來說,這樣的老空間是種新體驗,加上北投地區本來就是屬於國際觀光客較多的地方,所以來住的房客以外國人居多,透過google map,他們都可以自行找路前來,且附近的鄰居也會很好心的指引方向。

5 民宿是生活平台,盡量提供能帶給旅客方便的服務

旅客來這邊所需要的服務Solo Singer B&B幾乎都有提供,並可藉此做出自己的特色,例如:在地早餐、房內零食小吃吧、自製旅遊地圖、推出特色旅遊行程、計程車代訂、提供住宿禮券購買、不定期活動舉辦、空間租借、泡湯提袋…等,給客人最大的方便舒適性,增加客人滿意度,讓他們下次還想再來。

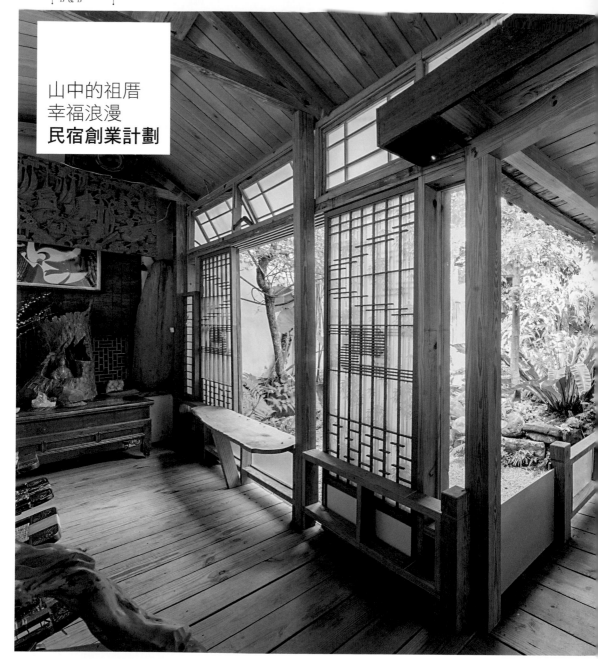

A Home

九份山上、台灣合法民宿編號「006」的A Home，日文發音為「阿鬨（白癡）」，
是立志三十五歲就退休的九份人勇哥，坐在閣樓發呆的自嘲。
如今歸鄉將古厝改成民宿，把自己對家鄉的愛、心情都融入在A Home中，
並將九份週邊好玩的地方結集成雜誌《達人帶路》，希望來住A Home的客人都可以感受到九份美好。

老屋變民宿info

民宿主人 勇哥與梅姐

老屋×民宿　改造項目

結構鑑定工程
拆除工程
泥作工程
屋瓦修復工程
防水工程
電路管線重新配置工程
油漆工程
挑高小閣樓增建
增設日式小庭院

開業時間	2005年3月
經營型態	自宅
建築前身	超過80年歷史的祖厝
籌畫與施工時間	一年
地址	新北市瑞芳區崙頂路55號
電話	02-24969454
網址	http://www.a-home.tw

35歲就退休×帶起九份民宿風潮

1. 是九份、亦是台灣第一批擁有合法執照的民宿。
2. 基於愛鄉的心情，善用在地文化和建材，帶領在地人活化老鎮生命。
3. 積極爭取國外旅展的曝光，增加平日外國旅客的住房率。
4. 利用木料、石材等天然建材的優點，改善九份海風、多雨氣候對建築的傷害。

住在閣樓是九份人回憶的一部分

左邊空地部份後來則是改建成日式庭園

老屋民宿的故事 | 立志35歲退休回鄉的勇哥

早期九份以採金礦聞名，因此山中幾乎都是礦工家庭居多，因為窮怕了，所以很多年輕人都想離開離開九份去外地工作，一出去後就不回來了，但勇哥不同，他很喜歡家鄉出去打拼的時候，就立志要三十五歲退休回鄉，所以在外面比別人更努力地工作以達成志願，結果還沒三十五歲就達到目標回鄉，現在則是過著優閒自在的退休生活，每天找朋友聊天，搭著獨木舟在海上發呆釣魚，看星星、吹海風，好不自在！

為了家鄉再生，成為開民宿的動力

開民宿的人十個有九個不是自己決定的，九份的懷舊觀光潮興起時，當地卻沒法供應足夠的住宿空間，於是勇哥鼓勵居民們將老屋改建，提供多餘的空間當民宿，且以身作則把自己的老家改造，經營起民宿。

九份有許多快百年的老房子，都是當時金礦盛行的年代就地建起的房子，但這些老房子的所有權有很多都不屬於屋主，而是某些公營企業所屬，因此屋主無法取得土地使用權，申請民宿使用執照。

後來是勇哥與一群回鄉的青年一起積極爭取，透開公聽會、到立院陳情……等一連串行動，讓政府同意九份的屋主就地合法取得房屋所有權，讓原本世代居住在此地的民眾，可正當擁有自己的房子。

運用文化影響人，改變九份生態

九份年輕人外移嚴重，都是老人獨居、隔代教養的現象，為了鼓勵青年返鄉，勇哥提出以九份的文化力主打做發展，而非觀光口號和活動帶頭，認為只有先將在地文化塑造起來，觀光才可以持久，沒有文化內涵為基礎的觀光，只是砸錢做一時的效果，沒有任何意義。

勇哥還將九份的人文故事寫了一首歌，希望利用唱歌演說的方式打動人，主要描述的是「台灣寶值得珍惜」，也在各界的幫忙及在地志同道合者的共同努力下，讓政府主動開始著手九份地區的文化旅遊，撥經費整修黃金博物園區，推動房屋就地合法……等開始積極的帶動九份地區的觀光。

你出房、我出力，鼓勵老屋翻新

基於對愛鄉的不捨，看到九份地區的房子愈來愈水泥化，早期童年的記憶慢慢消退不見。勇哥開始鼓勵當地居民利用舊加新的概念，協助當地居民開始修整老屋。

當時A Home開始營業之後，很多人都來A Home參觀勇哥的改屋風格，為了鼓勵當地人，勇哥也曾經免費幫人家改老屋，只要屋主自行負擔房子和施工費用即可，前前後後改了約四到五間老屋呢！

直至現在，勇哥也很歡迎大家來A Home民宿觀摩學習如何保存老屋，並鼓勵大家將老屋翻新，保存下來。

朝國際化邁進的A Home

在2004年前，根本沒有人知道九份這個地方，也不太知道台灣的民宿，但喜歡變化的勇哥就率先去東南亞國家參加國際旅展，在旅展中將九份和A Home民宿介紹出去，隨著近幾年九份愈來愈廣為人知，A Home的生意更是一天比一天好，平常日國內觀光客較少住宿的情況，幾乎都被國際觀光客的住房需求補滿，變得沒有平日假日的區別了。

九份家庭的共同生活記憶

勇哥與梅姐夫妻倆都是土生土長的九份人，對於九份的共同回憶就是房子全都小小的、不到二十坪，且一定會有小閣樓。

九份早期房屋的特點之一就是油毛氈屋頂，九份人又稱其為「紙版」，是一種將油毛氈鋪在屋頂的木板上，搭配柏油加強防水和隔熱效果的屋頂，成本較為低廉。勇哥老家也是用油毛氈屋頂，每到冬天雨季就會開始漏水，兒時睡在小閣樓時，每到下雨，就會聽到滴滴答答的雨聲，讓人有很多想像空間。

1.勇哥老家改建後成為目前的A Home民宿／**2.**小閣樓對於勇哥與梅姐而言已經是回憶的一部分了，所以在接待和用餐區也特地做了一個小閣樓，做為民宿主人睡覺的地方。

流金歲月留下的土地問題

在一九五〇年代，九份和金瓜石一帶幾乎所有的土地權，都登記在當地最大的公營礦業集團──台灣金屬礦業公司（台金）名下，之後台金又將權利轉讓給台糖和台電公司，以每年收租的方式租給當地居民，居民擁有的只限於地上物之部分，所以有很多老房子等於沒有「身分證」，想將房子改造成民宿，不是土地使用項目不符規定，就是無法取得土地使用權，導致無法申請建築執照。

在十多年前，由於當地居民的努力奔走，新北市政府特別組成景觀審查小組，評定九份凡房子於民國八十九年六月以前建蓋、符合當地傳統文化景觀者，就可取得合法房屋登記，保障原住戶的權益，讓他們可真正擁有自己的家。

自己編雜誌，讓更多人認識九份

為了在國際旅展介紹九份，勇哥與鄰近的民宿業者合出了一本《達人帶路》的雜誌，以當地人的觀點，詳盡介紹了九份地區好吃、好玩、好逛的地方，以及當地的人文風情，為了國際觀光客的需求，雜誌內容除了中文外，還有英文和日文的說明，是很有遠見和國際化的作法。

Before & After 老屋改造全記錄 | 工程篇

1 建築結構 + 格局 + 建材
兒時的家變成讓旅人休憩的民宿

A Home老屋改建之路從滿屋的霉味、採光差、木板隔間的古厝,到回鄉後自己住,將閣樓整建、隔間打散,增加室內空間;現在開了民宿,原本的格局被隔為兩個房間,變成不只是單純睡覺的住宿空間,還是個可以看到民宿主人心情和想法的空間。

許老師修復術

油毛氈屋頂小知識

油毛氈是用氈狀有機纖維製成的紙浸泡柏油後，使其具有防水效果。優點為價格便宜，施作簡單；缺點是容易脆裂，養護費時費工。

早期九份的房屋幾乎都是油毛氈屋頂，看過去黑壓壓一片，但因為這種屋頂經過太陽曝曬後會膨脹產生泡泡，雨天時就會裂開產生破洞和裂縫，造成漏水，所以九份人小時的記憶就是「外面下大雨，裡面下小雨」。

且因為油毛氈屋遇熱產生得裂縫和破洞，讓屋子每到冬天雨季就會漏水，所以每次雨季過後就會趁好天氣開始重鋪油毛氈和刷柏油，也因此夏天總是充滿了柏油味，這幾乎是每一年都會有的循環現象。

1.「風旅閣」，呈現九份老屋風情的房間，樓層隔板也盡量不用合板，還原老屋常用的木頭層板／2.「潤賞亭」，走日式風，可看出是一間非常有創意的空間，全都出自勇哥之手／3.潤賞亭的臥室，柔和的燈光讓整個空間呈現溫暖的感覺／4.潤賞亭不只房間日式，連庭院和走道都很日式，一進去看到這樣的場景，都會不自覺得哇地發出驚嘆聲。下雨天的潤賞亭也有另一種風貌，連通的走道讓下雨時也可以方便行走。／5.潤賞亭的其中一邊走廊擺了一排特殊的古董椅子，讓人可坐下來細細欣賞日式庭園之美。

屋頂 + 老物裝飾 + 漂流木
② 選用耐用又符合九份風味的琉璃鋼瓦

紅色大門的正面，從門上的鐵環就可以感覺到其使用的歷史已經相當久遠

勇哥在改造祖厝時，將原有的油毛氈屋頂改為琉璃鋼瓦，就是用鋼板壓出屋瓦的型狀，主要是可以帶出老屋古早屋瓦風味，價格也比真正的磚瓦便宜得多，因此現在許多古厝的屋頂修復都會用琉璃鋼瓦，中間再夾PU發泡做複層，可以有隔熱兼隔音功能。

若想再加強隔熱，裡面也可加鋪一層鋁隔毯，讓隔熱效果更好，但最好的隔熱材質是空氣，所以可在屋頂留有一些空間，加強隔熱效果。方式百百種，只要知道材質特性就可任意搭配而達到不錯的效果。

1.屋頂用琉璃鋼瓦可以達到防水、隔熱的效果／**2.**這每顆石頭都是當初工人們辛苦的一刀刀鑿出來的，雖然把石頭移除會讓室內空間變大，但還是要好好珍惜這些石頭的得來不易和珍貴／**3.**左邊阿嬤的百年台灣黑心木櫥櫃和右邊勇哥以前的小書桌，抽屜裡是以前放鉛筆、擦布、成績單的地方。

就地取材的石頭牆，冬暖夏涼

九份地區的老房子多會就地取材用石頭砌牆，是勇哥從小到大的回憶，石頭牆具有讓屋子冬暖夏涼的特性，對於像九份這樣多風溼氣重的地方特別受用。還記得當時別間屋子在拆除時，勇哥看到工人把屋外的石頭牆都運走丟掉，覺得很不捨，就偷偷塞錢給司機，將這些還可再利用的石材，撿回來一顆顆堆疊成牆，也就是A Home現今的外圍石頭牆。

老物=回憶+多功能裝飾

A Home民宿留下來的老物幾乎都還有其功能性，其中有一個祖母的嫁妝櫥櫃，是百年前用上等台灣黑心木做的，很硬，不容易有蟲蛀，現在還可以拿來放東西。這就是老物真正的精神所在：不僅是回憶，就算留下來了也都還能繼續使用。

1.澗賞亭的樓梯也是用漂流木做的,勇哥還特別選了根造型奇特的漂流木╱2.用漂流木製做樓梯和屋頂裝飾╱3.勇哥用漂流木加毛玻璃做成廁所馬桶的遮蔽牆,頗有意思╱4.這個壁爐的位置是以前媽媽煮飯的灶,是一家人最重要的精神象徵。雖然現在改成壁爐了,但本質不變。

許老師修復術

靠海的天然防潮、防風建材

九份老屋很常就地取材,用石頭當房屋建材。在地面層舖上石頭可將房子主體與地面層做隔離;如此一來,就可輕易讓房屋與地面潮氣做最天然的阻隔。

每顆石頭都是當初工人們辛苦的一刀刀鑿出來的,雖然在改造時常會為了把室內空間變大而把石頭移除,但其實這樣的石頭不僅是老屋最珍貴的資產之一,隨著時間越久,石頭顏色的改變會讓石頭越來越有味道,應該要好好珍惜。

挑撿漂流木成為老屋的靈魂之一

當年剛從台北回九份的勇哥身體很不好,相信大自然的力量有辦法治好自己,所以就找到一個理由去海邊走走,看日出的機會。有次納莉強颱來襲,造成東北角海岸有半年的時間都是漂流木,於是開始了撿漂流木的興趣,勇哥每一根都精挑細選,經過高人指點後,開始會分辨木頭的顏色和味道,才能撿到不錯的好木頭。最後撿了兩、三間屋子的漂流木,現在還用不到十分之一呢!

3 施工小叮嚀
工人不會做，下班回家自己做

勇哥曾經到日本打工蓋房子三個月，所以對於施工建築有基本概念，再加上本身想法多多，因此在改建過程中，勇哥也曾遇到工班無法理解他的理想要怎麼做。與工人溝通困難時，勇哥就會要求施工工人按照他們會做的方式，做到一定程度後離開，勇哥下班回來再自己加工接著做。

自己動手做，精益求精，樂在其中

勇哥在改建過程中是很樂在其中的，不把困難當困難，也因此覺得沒什麼困難，常常設定目標要做到十分，但當做到三點五分的時候又發現可以做到二十分的程度，所以覺得改老房子是件很有趣的事。

瓦斯桶與天然瓦斯併用，解決熱水忽冷忽熱的問題

A Home房間內有大浴缸，熱水需求量較大，所以在瓦斯供應上需加強，不然容易會有熱水忽冷忽熱的現象，尤其在冬天，更要定期巡視瓦斯量是否足夠。勇哥的做法是將瓦斯管加大，用兩個熱水器、兩桶瓦斯和天然瓦斯管線共用。由於熱水器在九份有海風的地方容易鏽蝕，所以其中一個備用，以備不時之需，如此一來才能解決熱水供應不穩的問題。

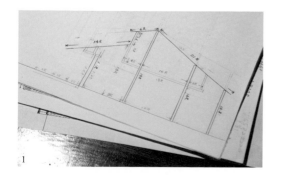

1.老屋改建過程中，設計圖都是勇哥自己親手畫出來的／**2.**勇哥請工人施工到一個程度後，下班回家繼續玩老屋，發揮創意。此為接待處前的一作不規則造型混合漂流木的矮牆／**3.**A HOME的早餐，吐司和紅茶不夠都可以再加喔。

民宿創業企劃書 自宅

總金額	240萬元
房間數	5間
建物性質	超過80年歷史的祖厝
各項費用	外部硬體151萬、內部裝潢79萬、軟體10萬
每年維護成本/項目	3萬(包含木工、水電設備)
旺季月份	全年(尤其是11、12月份很滿,因為是國外旅客假最多的時候)

選址階段

1 開民宿有時是自然而然發生的

因為祖厝位於觀光勝地九份,所以對勇哥而言,開民宿是自然而然就發生的事。最初是為了鼓勵在地老屋翻新蓋民宿,於是拿自己家的老屋來改,這才有了A Home民宿。

改造階段

1 老屋改造要結合文化、影像、鄉土,才會深入耐看。

拯救老屋非迎合潮流,若能保留原有的文化傳統、照片影像或真實老物、符合鄉土風情的建造手法或材料,房子才會有故事,才能呈現老屋改造的精神所在。

2 拾撿來的舊材事先建檔,以利慢慢運用

有時候在路邊看到有人丟棄可再利用的廢材,或是海邊撿回的漂流木,都是老屋改建時可以利用的省錢建材,可以事先計算尺寸、種類,將物品資料建檔,就可以有效率地運用收集來的建材做老屋改建。

3 利用工班師傅做好基礎,自己再加工

當與工班無法溝通時,通常為了省事省錢也只能自己來。你可以教師傅怎麼做,也可以像勇哥一樣請師傅做到一定程度後再自己加工,但無論如何,現場監工一定是必要的。

4 有大浴缸的浴室,要注意熱水忽冷忽熱的問題

有大浴缸的浴室意味著熱水用量會加大,這時就必須特別注意當多間房間同時使用熱水時,熱水是否能穩定供應。熱水的穩定常會影響住客的心情,這點要特別注意。

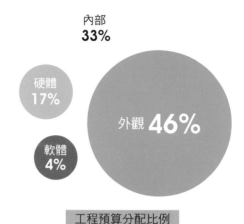

內部
33%

硬體
17%

外觀 **46%**

軟體
4%

工程預算分配比例

經營維護

1 維護大都自己做，省錢、省時、省麻煩

開民宿總是會遇到許多瑣碎又臨時的維修問題，而偏遠地區的民宿要叫水電工又不是一件容易的事，所以最好都自己來，不僅省錢快速，又不用麻煩人家特地來一趟。

2 增加國際能見度，以國際觀光客補足平日入住率

平日的住房幾乎都是靠國際觀光客補足，所以有機會要多增加國際的曝光。此外，若是瞄準國際觀光客，特色和在地文化都要想辦法做到一定水準，甚至自己編寫出版在地旅遊雜誌，才能吸引一定數量的觀光客，這需要一整個社區共同努力才有辦法達到。

3 夫妻倆輪流休假，不被民宿經營綁死

由於開民宿很容易就將自己的時間綁死在民宿，但是人總需要休息，因此夫妻倆的調解方式就是一人留守，輪流休假，一人做白天，一人做晚上。平時工作採夫妻分工的方式，勇哥負責修繕，梅姐負責處理訂房和房務事宜，並且可以在淡季安排出國旅遊，讓自己和房子都放鬆休息一下，這樣才是維持民宿主人生活品質的好方法。

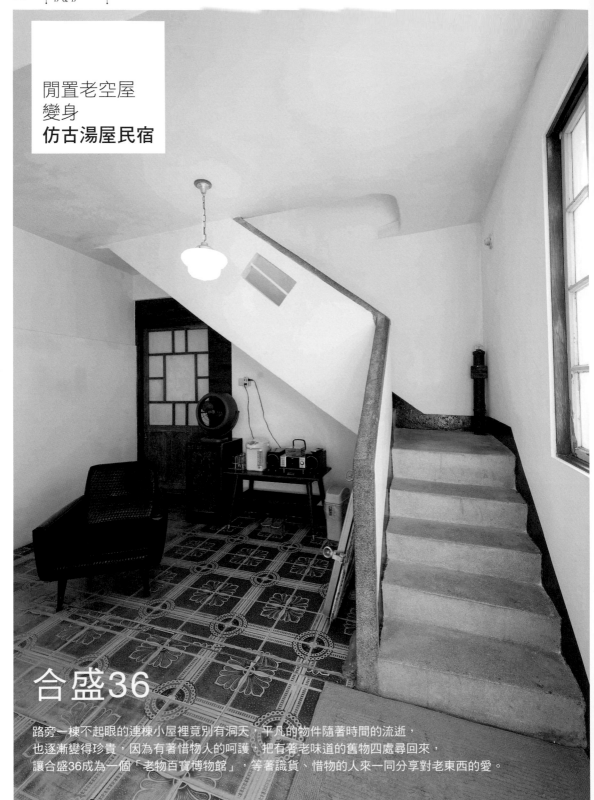

閒置老空屋
變身
仿古湯屋民宿

合盛36

路旁一棟不起眼的連棟小屋裡竟別有洞天，平凡的物件隨著時間的流逝，
也逐漸變得珍貴，因為有著惜物人的呵護，把有著老味道的舊物四處尋回來，
讓合盛36成為一個「老物百寶博物館」，等著識貨、惜物的人來一同分享對老東西的愛。

民宿主人 信佑

老屋變民宿info

老屋×民宿　改造項目

拆除工程、泥作工程、防水工程
水電管線重新配置、油漆工程
橫樑包覆,並改成小閣樓
將三樓用窗戶做成的牆,隔出儲藏空間
地板移除貼皮,上石頭油做成亮面地板
二樓新增一組衛浴
往三樓的走道和拉門重新設計製作
一樓廚房、餐廳、浴室空間整平成一間大浴室
新修築大浴池
溫泉管線整修重拉
打掉一樓壁癌嚴重的牆面,開了新的一扇落地窗
外觀重漆白色油漆

開業時間	2012年2月
經營型態	租屋
建築前身	超過40年歷史的閒置透天厝
籌畫與施工時間	約3~4個月
地址	宜蘭縣礁溪鄉礁溪鄉信義路71號
電話	0913-833433
網址	http://luying7037.pixnet.net/blog
特殊服務	溫泉泡湯/附停車位/一天只接待一組客人/報名繞行龜山島八景(不含登龜山島) 可享優惠/宜蘭外海賞鯨豚的行程/附運動飲料補充泡湯流失的水分

愛訪古的夫妻×老物懷舊湯屋

1. 整棟民宿隨處可見懷舊小物,猶如小型老物收藏館。
2. 一次只接待一組客人,讓客人獨享自在的慢活假期。
3. 一樓後方是大格局的日式懷舊湯屋。
4. 結合在地特色觀光,提供龜山島八景和外海賞鯨豚的行程。

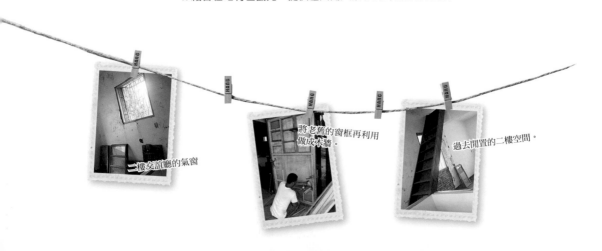

二樓交誼廳的氣窗

將老舊的窗框再利用做成木牆。

過去閒置的二樓空間。

老屋民宿的故事 | 因爲太愛老物，才有合盛36

民宿主人信佑與律瑩的共同興趣就是老物收藏，信佑喜歡收集拆船的物件，律瑩則是喜歡四、五○年代的東西，平常若看到心動的物件就會趕快買下來，五年的收藏經驗，累積了不少好物。

有天，路過礁溪，看到街角的一棟破爛不堪、旁邊用鐵皮圍住且堆滿垃圾的房子，牆上貼著一張紅紙，上面寫著大大的「租」，二話不說，馬上約了屋主看房，心中想著：終於有地方可以把精心收藏的好物，拿出來與人分享了。於是第二天就馬上與房東簽了約，展開了民宿之路。

因為斑駁的歲月痕跡，決定承租老屋

問起信佑與律瑩如此快速的決定承租這間久沒人居住房子的關鍵點是什麼？

當他們走入這棟房子時，看到客廳那幾乎已失傳的美麗花地磚，那上面斑駁的歲月痕跡更讓人著迷，還有古早味磨石子樓梯、閣樓的木橫樑和可以使用溫泉水……等，對於老物愛好者來說，看到這些東西就像如獲至寶，也是兩人承租的最大誘因！

這個數字時鐘很厲害，是老日本式、數字往上翻的設計，而且內藏著燈，可做為夜間照明功能，重點是功能都還可以用，現在已經都找不到了，所以很珍貴。

德國工藝的古董電風扇，已經絕版，屬於稀有品了。

由於信佑平時的工作是開船出海，所以特別迷戀船隻相關物品，像這個就是信佑從船上收集過來的物件，是在船上的一個小零件。

1. 少見的德國四關節工業燈、藍色皮椅及小皮椅凳都是稀有的古物喔！大家來訪時千萬要好好愛惜這些懷舊家具／**2.** 一樓通往二樓的磨石子樓梯，是以前許多老房子都會有的設計。磨石子樓梯由上往下望，扶手的線條和磨石子的反光面常可以在阿嬤家看到，很有復古味／**3.** 律瑩收藏的矮桌拿它來當小書桌使用，很有味道／**4.** 在路邊撿回來的別人丟棄的漆白木櫃，上面還標示是「中衛公路中橫開發處」。據推測是日本時代製造的，使用的是台灣檜木文件櫃／**5.** 信佑和律瑩將樓梯重新上漆後，保留了下來，老房子要上閣樓或儲藏室，經常使用這種木樓梯。

只在乎曾經擁有，自己喜歡最重要

　　有人是因為家裡有多餘空間而開始做民宿，有人是為了一圓田園夢想，也有人是喜歡民宿的慢活模式；合盛36的開始則是單純地想將喜愛的老物和他人分享，但合盛36的租約只簽五年，在這麼短時間內投資的錢划算嗎？但信佑與律瑩卻說自己喜歡最重要，重點是過程，就算房東想收回去，有與大家分享過的曾經，也就夠了；而且房子也從原本不堪使用變成生活功能一切正常、裝潢新穎的樣貌。這種讓老物恢復新生命，讓更多人能親近、喜愛老物的心，是信佑與律瑩經營合盛36的動力，而他們認為自己所做的就只是單純迎合自己的心，揮灑滿腔熱血。

古董小檯燈很適合文青路線，也是屬於經典品味款，擺上一盞就很有味道。

Before & After 老屋改造實作全記錄 | 工程篇

1

1 建築結構 + 格局 + 建材
狹小浴室變身開闊的大澡堂

一樓後方有著寬廣的衛浴空間。合盛的房屋結構,一樓的客廳後面通常是飯廳、廚房和小間的浴室,隔間多又狹小,於是信佑打掉隔間的牆,把整個後方空間都合為一體,變成大浴室,洗澡和上廁所的時候可以心情放鬆,自在地享受私密片刻。

保留溫泉區特色,民宿裡面也能泡湯

礁溪溫泉極富盛名,在礁溪的老房子當時都設有溫泉水管線通到自宅,而溫泉區通常都有公共澡堂,

因此信佑建了可以容納四到五人左右的澡堂。

另外,也因為衛浴間夠大,可以有較多的地方擺放老物收藏品,於是你會發現廁所內有許多從不同地方收集來的老物,有點像老物陳列室,但又與生活機能巧妙融合在一起。

廢棄木頭妙功用,除臭、防潮、另類裝飾

老木材所做成的小物也是信佑的收藏品之一,以

前的木造建物都會使用材質很好的木材，像幾根放在合盛浴室的木頭就是檜木材質，可防臭，散發檜木香氣，還可以吸收浴室中的溼氣，且這種手工製的橫樑榫頭是以前大跨距日式洋房用來連接的榫頭，現在已失傳，沒有人會製作了，因此更顯其珍貴性，所以下次來合盛36可不要小看這幾根木頭喔，可是價值連城呢！

懸空橫樑打造另一個雙人祕密空間

三樓的木頭橫樑也是信佑與律瑩一看就喜歡上這間房子的原因之一，它就像是老屋的靈魂，也像是心臟一般，撐起了整間老屋幾個世代，因此木樑不可廢，但懸在半空中又感覺空蕩怪異，於是律瑩想了一個方法，用木板把三根橫樑水平包覆起來，也多出了一個雙人閣樓空間，算是無意中創造出來的祕密基地。

1. 在寬敞的浴室內，約個三五好友，一起聊天、泡湯就是最好的享受了。裡面雖然陳列簡單，但東西個個都有來歷。天花板除了油漆外，另一邊則是簡單的用木條排列做出造型，裡面就安裝燈管和黑色防水漆／**2.** 被包覆住的屋子懸樑也恰巧的多了一個小閣樓，且還裝了燈在小閣樓的下方，讓三樓整個看起來很有氣氛／**3.** 小閣樓做得有點像凵字型，也保留了一定的隱密性。

許老師修復術

老廢材學問大

1 澡堂旁的木頭格子拉門也是特別從一間診所收集而來。門前的木板凳與一般板凳相比簡直是放大版的板凳,也是拿人家以前在辦桌時架高桌子所用的桌腳,以前的用法通常會拿兩個這種大板凳,然後上面放一塊木板,就形成桌子了。

2 除臭+防潮+裝飾的紅檜木榫頭,也是收藏之一,有公榫和母榫,現在放在浴室剛剛好。

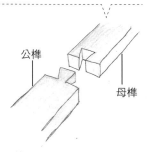

公榫

母榫

3 過去的木造建築,樑柱的銜接處常以榫頭嵌合;榫頭凸出的稱為「公榫」,榫頭凹進的則為「母榫」。

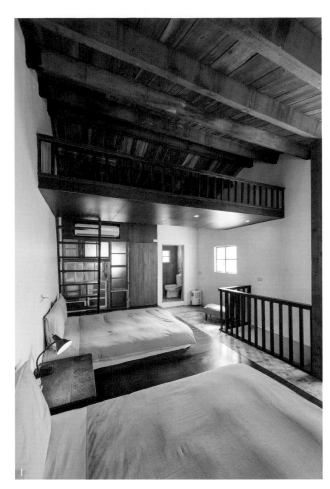

1.合盛三樓是一間四人房,冬天的時候可再多容納兩人睡在閣樓區域/**2.**船上用來繫纜繩的羊角,紅銅材質,使用久了會愈磨愈亮,出自信佑的收藏,在浴室裡可拿來掛衣物/**3.**二樓的客房用木板隔成雙人房,並用投射燈打亮,也讓整個空間質感提升。

2 地板 + 鐵花窗 + 蜂窩處理 + 老木門
原有的地板不喜歡怎麼辦？另類省錢特色地板

二樓原有的地板是老舊塑膠貼皮地磚，不怎麼好看，於是信佑把二、三樓的地板貼皮全部拔除，但覺得重鋪磁磚感覺過於廉價，而且保留這些用過的痕跡，反而有趣。於是在地板上塗上一層透明石頭油，讓地板保持光滑面，可光腳走在上面，也可保留原本施工的膠，讓當初塗抹的痕跡被看見，變成一種感覺像是特別處理的特殊地板紋路。

此外，二樓和三樓的膠色不相同，這是因為不同時期貼皮施工使用的黏著材料不同而造成的。二樓是在十幾年前施工，使用柏油做為貼皮的黏著劑，

所以呈現黑色，而三樓的地板施工時期則是用強力膠進行黏著，所以是呈現黃褐色。這樣看得出時代轉換的色差和以前的樣貌，就是讓房子自己說故事的最佳寫證。

廢棄鐵製花窗和自製藝術裝置

有時候要賦予老物新生命，除了重新整理還原它原有功能外，組合其他事物，也可以再造其他用途。信佑把廢棄的鐵花窗當成框，再將木頭依照窗

框形狀和大小切割後補進窗框中，做成一個平面裝飾，本來要拿來當桌面使用，但還沒完工就出借去展覽，後來就直接當藝術裝置。

管線隱藏的妙招：是電視櫃也是走道

通常老房子改造成民宿時，管線重牽的路線和隱藏方式都是麻煩的問題，這點信佑用了一個巧妙的方式把管線、空間美感和實用性都有考量進去。信佑將木頭包覆管線通道，留出一道長條狀的矮梯出來，這個墊高的小平台不僅是通往三樓的走道，也是小客廳的電視櫃，而木頭的顏色又帶出空間的柔和自然色調，所以感覺像是非必要的必要，又像必要的非必要般恰好。

石頭油

通常用在打磨地板的其中一道程序，可讓地板呈現光亮面，因為是透明的，所以可透出原先地板紋路，而上過石頭油的地板可防水，且價格相較一般地板施工費用便宜，是種簡易的地板處理手法。

1.隨著建築工法技術的改變，不同時期施工的貼皮地板所用的黏著劑也不相同，可以看出二樓貼皮地板是用柏油進行黏著，所以呈現黑色，與三樓地板顏色不同／**2.**陽台上的兩張老沙發椅，也是少見五〇年代的風格／**3.**三樓地板當時在施作貼皮地板時，黏著劑是用強力膠進行黏著，所以顏色帶點黃褐色／**4.**信佑費時自製的木頭鐵花窗，隨處放置都是種氣質美，原先是想做成桌面使用，但後來感覺這樣放著也頗美，於是就這樣才罷了／**5.**老屋頂上的蜂窩，雖已無蜜蜂，但被當成裝飾完好保留下來。

許老師修復術

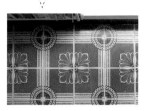

50、60年代的花地磚

一樓客廳保存完整的花磚,以前因為上面是電視櫃,所以幾乎被遮蓋住而保留完好。

現在,市面上看到的磁磚有些其實是整片的塑膠貼皮,做起來的效果與真正的磁磚地板非常相似,其分辨的技巧就在於看磁磚間的溝縫,若是真的磁磚,則溝縫摸起來會有粗糙感。

老屋屋頂有蜂窩

老房子久沒住人就容易孳生蚊蟲,屋頂長出蜂窩也不奇怪,但信佑與律瑩發現室內屋頂有蜂窩時,卻刻意保留下來,在清除蜜蜂後,特別交待工人不要破壞它,因為這可是難得的天然藝術裝置,可遇不可求!

室外老木門如何克服熱脹冷縮的問題?

木材有分:上、中和劣材,選擇做門和窗框的木頭通常會挑選油脂含量較多的上材,因為油脂可強化木材結構,較不容易產生龜裂或剝離,延長木材的使用壽命,且木頭要放置一段時間等待穩定和適應當地環境後,較不會有明顯的膨脹收縮現象。這間已超過四十年的老房子,門窗早都已適應了當地氣候和環境,所以不會有太大的問題。

同時,在挑選室外木門時,最好可以讓木門放置約一年的時間,讓木門與空氣達到穩定的飽和,才比較容易克服木頭熱漲冷縮的現象,或是也可以選擇與居住環境氣候相似的老木門為佳。

1

2

3

1.二樓室內木門的特殊形狀把手其實是船槳,和此木門非常的搭/2.沿用老屋原本的室外木門,經過一定時間的適應後,雖然木門是用於室外,但已不會有明顯的熱漲冷縮問題了/3.管線通道的走廊不只是走廊,還是電視櫃,具有多功能用途。畫面中左邊的門板下方也被信佑細心的填入木條呈現特殊的造型/4.包覆住管線通路的走道與通往三樓的樓梯呈現完美結合,不會有人想到下方就是管線通道。

4

回憶恆長遠,價值永留傳

在改造老屋變民宿的過程中,信佑與律瑩發現改造老屋無法省到錢,唯一的好處就是老屋的趣味性和獨特性十足。對屋主來說,老屋改造是一種記憶上的保留和觀念上的衝擊。

一開始,當信佑與律瑩與屋主提說要承租當作民宿時,屋主以為他們會把屋子改得漂漂亮亮、鮮豔明亮的樣子;改造後一看,沒想到是保留老屋特色的風格,讓他回憶起童年居住在此的往事,而再次喜歡上這棟房子。誰也想不到是自己家裡的花地板和磨石子樓梯,吸引兩個愛物的有心人前來把老屋好好整理一番,這讓早已習慣老房子的屋主重新用另一種角度,欣賞這棟老屋子。

但是好不容易辛苦改造後的老屋卻非自己享用,而是提供給大家使用,來住的客人通常不知道他們辛苦收藏的老物有多珍貴和稀有,常常不愛惜,造成損壞,對信佑與律瑩來說,看到這些老物受傷時心裡都在淌血。
因此,夫妻倆建議老物的中毒愛好者改造老屋後,最好不要拿來做營業使用,因為這些收藏的老物都是用錢買不到的寶貝,還是自己開心的享受老屋老物的美好就好。

1

3 工班 + 壁癌問題
水泥和磚牆調合感背後的故事

　　合盛36在整建期間,其中一面與隔壁鄰居共用的磚牆,在施工時磁磚不停掉落,雙方都擔心再繼續做下去,牆可能就會倒塌,於是進行到一半的磚牆工程被迫更改設計,採用折衷方式,將水泥依照當進度修飾成了ㄇ字型,卻意外創造出水泥和磚牆顏色的調和感。

　　在此還是建議讀者在整建老房子時,一定要清楚知道哪些部分是會與周遭鄰居共用的部分,哪些東西動了會影響到他人的權益,若不注意有可能又要花一筆錢幫忙復原,甚至傷了鄰居之間的和氣,賠了夫人又折兵。

配合過的工班好溝通,會一起思考解決方法

　　信佑找的工班是之前配合過的師傅,年紀較輕、好溝通,常常跟信佑一邊施工一邊討論工程方法,房裡很多東西也都是透過這樣的討論所得出的結果。因此,在找工班時,溝通難易度也是很需要考量的重點,搞不好可以共同思索出一個省錢又實用的好方法喔!

1.壁癌嚴重的牆面就整個打掉變成落地窗；而客廳所使用的黑色沙發組更是直接從日本運回來的珍寶，而玻璃窗八格霧面玻璃在台灣早已絕版，因為八格木窗框不常見，常見的都是六格木窗框，更特別的是霧面玻璃，現在雖然也有出產霧面玻璃窗戶，但薄度和透光度都已大不如前，所以就算使用現行的霧面玻璃，還是會有所差異，也是這間房子的特點之一／2.以與鄰居共用的牆面最好注意施工時的狀況，以免發生問題。

壁癌的徹底解決方式，就是打掉重做

　　老房子難免會有壁癌的狀況，信佑採取的處理方式是「眼不見為淨」，用掩蓋的方法來做。首先要刮除牆上表面粉末化的脫漆，接著鋪上兩層防潮布，再用封夾板封起來，以批土補平後上漆即可。

　　但合盛36有一面牆漏水實在太嚴重了，於是處理這面牆的大絕招，就是把這面牆打掉，換上一面落地玻璃窗，既可解決問題又增加室內採光，一舉兩得。

民宿創業企劃書

總金額	70萬元(不包含每月房租)
房間數	2間
建物性質	超過40年歷史的無人閒置空屋
各項費用	外部硬體44萬、內部裝潢17萬、軟體9萬
每年維護成本/項目	約3~4萬元包含重新粉刷、床被套、毛巾更換、水電維修等
旺季月份	全年

選址階段

1 位於溫泉小鎮礁溪，強化在地特色

民宿所在地礁溪就是著名的溫泉泡湯勝地，當時老屋建造時就有將溫泉管線導到家中，因此不僅提供溫泉水，也將溫泉印象中會有的大浴池給凸顯出來，成為其他民宿所沒有的經營重點。

改造階段

1 便宜建材，輕鬆處理老舊地板、管線

通常老房子多少都有陳舊的地板貼皮，或是管線雜亂的問題。地板貼皮最方便的法子是撕掉後抹一層石頭油，讓地板保持光滑，變成另類的地板紋路；至於管線問題，可以讓管線靠牆走，再利用木材巧妙地遮蔽，並成為一個可用的收納空間。

2 廢棄木頭可除臭防潮，也是另類裝飾

撿來的廢棄木頭可放在浴室中吸收濕氣，若撿到早期的木頭，材質都是使用上等木材製作，像信佑與律瑩撿到的檜木榫頭不僅可防臭，還會散發檜木香氣，非常實用。

3 與隔壁鄰居共用牆面，施工時要注意安全

建議讀者在整建老房子前一定要清楚知道哪些部份是會與周遭鄰居共用的、哪些東西動了會影響到他人使用權益；若不注意有可能多花一筆錢幫忙復原，甚至傷了鄰居之間的和氣。

4 老屋上的懸樑多餘空間，變出小閣樓房間

老屋的屋頂中央常有懸空的裸露懸樑，可以用木板把橫樑水平包覆住，加把梯子，就可多出一個閣樓空間出來喔。

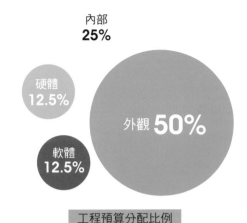

內部 **25%**

硬體 **12.5%**

外觀 **50%**

軟體 **12.5%**

工程預算分配比例

經營維護

1 一次一組客人的包棟模式，滿足放假不和別人共處

宜蘭是台北的後花園，很多台北的客人都比較喜歡有自己的空間不受打擾，所以這樣的方式反而讓客人很自在，而且發現這樣做反而有比較多回流客，客人都還會帶更多人來。

2 結合自己原有的事業，讓服務更有特色

若民宿主人本身有某一方面的專長或原有的事業可與民宿做結合，提供客人更多元的服務，可視為另一種宣傳管道和客人來源喔。例如，信佑本身家裡就有船隻可出海捕魚或賞鯨，因此報名繞行龜山島八景(不含登龜山島)及外海賞鯨豚的行程可享優惠價報名。

3 從各地收藏老物，讓民宿成為老物展示館

平常信佑與律瑩就有在收集老物的習慣，會特地去看老物，覺得不錯的就將它買下或帶回家，如資源回收場、拆船處、二手物店、舊物行、路邊廢棄的家具垃圾……等都是很好的來源。

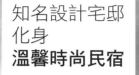

知名設計宅邸
化身
溫馨時尚民宿

壯圍張宅

一棟位於稻田、綠樹中，需要花一點時間才能看見的民宿，是棟低調的老宅；整棟房子都以「敬天」的概念發展，站上屋頂有美不勝收的遼闊美景。原為自住宅邸在2010年與大家分享這棟建築的美學，只要一進門，熱情的張爸爸和女兒Kimberly就會在門口迎接你的拜訪，歡迎大家一同品味這宅邸的美好。

老屋變民宿info

民宿主人 張先生(張爸爸)

老屋×民宿　改造項目

新增一組衛浴
新建一座落地櫃，當做客房間的阻擋牆面
闢出一個新的儲藏空間
增加路牌導引標示

開業時間	2010年
經營型態	自宅
建築前身	約20年歷史的民宿主人住家
籌畫與施工時間	整修期間約為1個月
地址	宜蘭縣壯圍鄉過嶺路1巷36號
電話	03-9307565
網址	http://www.chang-house.url.tw/

敬天的一家人×融入環境中的旅店

1. 20年前請國內知名建築師所設計的特色民宅，常有建築愛好者入住。
2. 閩南式「回」字屋體和天井設計，增加民宿採光，也讓民宿主人能清楚每位客人的動向。

張宅是間隱身田間、綠林中的屋宅。

張宅屋頂上的水泥磚瓦，約二十年了，還是如新的一般保存完整。

老屋民宿的故事 | 「回」家開民宿的故事

壯圍張宅一開始是張爸爸蓋來讓三代同堂的家，因此想讓這個家保有兒時閩南式四合院的生活回憶，於是創造出一個環狀的建築，利用走道讓每間房間互通有無，就像一個「回」字的建築形體。而每個房間面向中庭的一面，都有一面落地窗，讓每個人不管位於宅子的任何地方，都能看見其他家人在家中的活動；這是用建築凝聚家人感情的極佳案例，也因此張宅處處都充滿濃厚的家的味道。但就在女兒Kimberly即將讀大學時，家中常住的人口變少了，聽從朋友建議覺得好房子也可以跟大家分享，且做民宿比較有自己的時間與空間，於是就把家裡改成民宿，而自己則搬回附近的老家居住。

名建築師黃聲遠設計，吸引客人想一探究竟

張宅矗立在一片稻田中，外表看不出裡面的建築玄機，巧妙地與四周景物相容。原來，這間低調美學的老宅是黃聲遠建築師的作品之一，除了對建築有興趣的人會想來參訪之外，一般人也會透過網路照片，被這樣奇特的建築所吸引而來住宿。因此，只要本身建築物有特色，就算再偏僻，也會有人想來滿足被挑起的好奇心。

用時間感受周遭自然環境，造出慢工出細活的好宅

當初張爸爸與黃聲遠建築師光討論如何蓋就花了四年，加上兩年的設計時間，總共費時六年，才設計完成開始動工。這段時間張爸爸跟黃建築師兩人，不時到建地感受風吹、日照和溼度……等環境條件，而且會把圖紙和模型帶到現場去做評估和測試，在建地花上許多時間「感受」，也細心地考量建築物使用的耐震度和潮溼度，才設計出最適合這塊土地的房子。因此，縱使已過了快二十年的時間，建築物的狀況依然保持良好，讓人感受到「慢」的價值。

1.張宅家中的書房，以前民宿主人的兩個女兒考大學的時候都是在這裡K書寫功課／**2.**客廳是張爸爸享受音樂、與客人閒話家常的地方／**3.**從屋頂上就可以看到屋內的採光天井分布在房子各處，且對於天井的保護和堅固性一點都不馬虎／**4.**張宅的屋頂，可以更清楚地看到「回」字，上面望外看的風景一片綠油油的稻田也是一絕。一開始就把走上頂的結構給融入房子，成為一體。

Before & After 老屋改造全記錄 | 工程篇

1

建築結構 + 格局 + 建材
1 選用當地建材, 夜晚不用強光照明, 強調與土地結合

　　張爸爸抱持著「敬天」的人生哲學,才會想要一間和土地相容的房子,讓生活可以親近大自然,所以在房子的細節處都可以發現這樣的思維。

　　首先,在設計上以簡單為原則,盡量選擇用當地建材,採光也完全合乎壯圍地區的日照方向來安排建築,讓「日出而作,日落而息」的自然循環來導引生活。

　　因為四周有綠樹,所以夜晚屋內的燈光被植栽的樹叢遮隱,不會干擾附近生態休養。而磚牆的使用也具有調節室溫的功效,讓室內得以維持冬暖夏涼,爬上頂樓眺望出去更可看到一望無盡的田野,但房子卻完全融入景中,可說是連接建築與土地的學習榜樣。

利用天井、玻璃採光罩和落地窗,讓房子光線明亮、溫暖

　　張宅的主要結構是由水泥、磚牆、木頭構成,全取於自然環境材料。雖然是四合院的屋型,但不會有照明不足的缺點,除了正中央的庭院可引天光之外,也仿效早期閩南建築,在室內多處天花板開了天井引入自然光,在採光罩和玻璃作用下,讓整棟房子幾乎一年四季白天時,不用開燈也很亮,可免開燈節省電費,而且大片的落地窗讓陽光透入,在冬季時也能溫暖明亮。

1.房子四周的水道具有調節溫度的功用,還可阻絕一些動物的入侵,例如蛇或蜘蛛,平時可養魚和種植水生植物,具有美觀效果／**2.**除了前門大廳的主客廳外,在較靠近房間的地方也規劃了小起居室,同樣利用採光天井增加室內亮度／**3.**附近一望無際的田園美景也納入房子的設計中,於是設計出了可以爬上來賞景休息的屋頂空間,不僅可賞景,也方便屋頂相關維修／**4.**早上用早餐的地方,左邊窗戶前的區域是張家人不時會坐在上面的小平台／**5.**天花板的採光設計無所不在。

住家改民宿需增建衛浴、隔間,並且外推空間

住家與民宿最大的不同在於必須考慮住客們的獨立活動性,每組客人都不想受打擾,所以原先連接房子各區域的走道,就利用增建的牆面隔間;此外,每間房間都需要獨立的衛浴,因此部分房間也做了空間外移或局部調整,以符合需求。

在張宅,除了原本就規劃成型的磚牆隔間,改成民宿之後又加設了木隔板,這些加層的木隔板,張爸爸多設計了櫃子功用,兼具多功能用途,如果沒有人提起,根本完全看不出來這幕牆面以前是連通兩間房間的走道。

考量房客的獨立性,以兩人房為基本單位,維持住宿品質

設定為兩人房,除了每間房間的空間考量外,對於民宿經營來說,兩人房也是最具彈性的房間分配法則。多一人就利用加床的方式調整,縱使空間不

夠大,只要擺得下單人床墊也就好解決,而人數若為四人或更多,則直接加房間即可,不但具有彈性,也可維持一定的住宿品質。

1.這整面木牆和櫃子以前是與隔壁房間相連的走道,為了民宿客人的居住獨立性而將通道阻隔起來/**2.**兩人房就算夠大,但為了維護住宿品質不造成太過擁擠的情況,也不會讓一間房間入住四位客人。

2 牆櫃＋浴室
乾溼分離設計的浴室

張宅內所有浴室都是採乾溼分離式，這樣做最主要是防止洗澡時水花四濺，保持地面乾燥以確保安全，使用者避免滑倒，也可在面積或結構限制上做靈活運用，且在使用上能夠帶來很大的方便度；同時，因濺水產生的漏水問題和霉菌孳生問題，也可以大幅減少。

特殊的「回」字空間設計，讓民宿主人能掌握客人的動態

既然當初設計是以家的概念打造，強調與家人的互動和交流，以回字造型的建築是讓大家不管在家中哪個角落，都可以看到各自活動的身影。雖然現在改成民宿後有許多隔間，民宿主人還是可以立即掌握客人的所在位置，而當客人在房間內想要保有隱私時，只要把拉簾拉下就好；是棟能讓人與人之間隨時互相關心的房子。

採光超好的乾溼分離浴室，可防止水花四濺，保持地面乾燥避免滑倒。

1

 施工小叮嚀

3 要省日後維修，就要從建造要求品質

　　房子經過二〇年的歲月洗禮，但在維修費用的支出幾乎等於零，關鍵在於房子建蓋時的品質控管，若在蓋房子時能夠有較長遠的考量，將未來可能發生的問題都事先考慮進去，則可免去大筆維修費用，長久使用，並做為世世代代生活的厝。

植栽挑選以簡單大方，適應性高的植物為優先選擇

　　在張宅，綠樹也是隨處可見，尤其是回字屋的中心點就有一顆象徵家族中心的雞蛋花樹，很特別。在種植的過程中，張爸爸也是經過一番摸索，後來才抓到訣竅，選擇簡單大方的樹種，重視樹的適地

性，樹木是否容易生長的關鍵點；好比壯圍靠近海邊，就要選擇常在海邊看到的樹種，才能比較耐颱風、海風的吹拂。

房子要生活、有歷練，才會有老味道

　　張爸爸喜歡那種留有生活痕跡的老味道，尤其是與自己有關的老物，因為那些斑駁的歷史痕跡，一一訴說著回憶，就像張宅庭院大門正前方擺放的古老供桌，就是老家留下來的，上面還有著被香燒過的痕跡。老物的老味道，加上張宅的現代建築宅，似乎又多了那麼一點些許的不同，值得細嚼品味。

1.從老家搬出來的供桌,上面有被香燒過的痕跡,原本桌下一格格的抽屜則都被移除成為格子花紋裝飾,上頭放了些展示物做為裝飾用/2.房子中間的雞蛋花,一年四季都會開粉紅色的花,人們就圍繞著這棵樹生活著/3.下午時分灑在正廳的光影,清新明亮的感覺特別好,加上民宿主人特意挑選的在地老歌聲,透過音質極佳的音響散播在張宅的每個角落/4.提供豐富在地傳統早餐,靠著家人共同努力下,把最好的服務帶給客人,使人感受到民宿主人的用心和誠意。

民宿創業企劃書  自宅

總金額	100多萬元
房間數	4間
建物性質	約20年歷史的民宿主人住家
各項費用	外觀硬體66萬、內部裝潢36萬、軟體18萬
每年維護成本/項目	20萬
旺季月份	寒暑假2、7、8月

選址階段

1 經營先看周遭區域是否有觀光景點，其次是民宿本身特色

民宿經營首看附近住宿需求，若地處偏僻，附近又無吸引人的景點，就必須自己創造特色，而特色創造的關鍵就是民宿主人，其想法和手中的資源都是發展特色的重點。

2 房子是特色建築，就能吸引好奇者前來朝聖

張宅的建築本就是極具特色的住宅，因此不用特意找地、找屋做民宿，直接把最有特色的建築與大家分享，即使地處偏僻，還是吸引不少人來。

改造階段

1 將當地的風土、環境、溼度都考慮進去建造的房子才可維持長久

好的房子重設計，最好建造、整修可以將附近的地理和氣候特性給考量進去，做出最適合當地風土的房子，並且也將耐震度和潮溼度都細心的考慮在內，這樣房子才可以歷久彌新。

2 停車棚牆面的打洞、孔道設計，方便民宿主人察覺客人是否抵達

停車場和民宿之間，雖隔著大片庭院，但透過停車棚邊牆留出孔邊和橫洞設計，讓視覺可以穿越，讓在屋裡的民宿主人可以察覺門口動靜，知道客人是否抵達。

內部 **30%**

硬體 25%

外觀 **30%**

軟體 15%

工程預算分配比例

經營維護

1 客人不用多，維持一定的住宿品質，才能經營得久

人多就容易吵雜、混亂，也無法提供該有的住宿品質給客人，反而容易造成客人抱怨，管理起來所耗費的成本可能比不加收還多，所以為了住宿和服務品質一定要有所堅持。

2 住民宿的客人最注重環境乾淨，因此必須嚴格要求

環境整潔是住宿空間提供給客人最基本的標準和堅持，且客人都會光腳在地板上走來走去，地板髒不髒一定馬上就知道，因此對於環境整潔必須要嚴格的要求。

3 經營民宿的最大樂趣是和客人交流感情，客人也易回流

張爸爸一家人覺得經營民宿最有樂趣的，是和客人交流；一有機會就與客人閒話家常一番，藉此從客人那兒聽到不少故事，彼此建立感情，客人也容易回流，也可間接有新客人。

紅磚小屋

長輩的古厝、兒時記憶中的柑仔店，被改造得煥然一新，成為大甲地區唯一的合法民宿，擁有百年歷史的紅磚、氣勢磅礡的畫作、乾淨舒適的房間，以及便利的交通，讓紅磚小屋成為到大甲旅遊時住宿的首選。

老屋變民宿info

民宿主人 溫大哥

老屋×民宿　改造項目

拆除工程
泥作工程
磚造工程
水電管線重新配置
每間新增一間廁所
更換化糞池
栽種植物綠化環境
屋頂更新

開業時間	2009年底
經營型態	自宅
建築前身	家族長輩居住的老古厝
籌畫與施工時間	約半年時間
地址	台中市外埔區甲后路636號
電話	0988-297099
網址	http://blog.yam.com/house636

愛說故事的大哥×留住百年老屋風情

1. 為了留住兒時記憶，很有耐心地找法規、跑流程，成為大甲地區唯一合法的民宿。
2. 處處保留老屋的古味，利用不同種類的紅磚，營造出舊時紅磚農舍風情。
3. 善用在地的特色和親友的藝術畫作，讓民宿成為小型的地方博物館。
4. 紅磚的喜氣風味，加上地處便利的交通要道，成為當地新人嫁娶場所的首選。

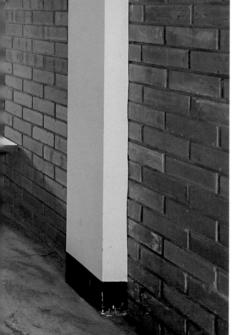

古厝以前的大門是在大馬路上，所以牆上都還有保留著大馬路的門牌號碼。

外埔鄉
大馬路
395

在未改造前，是一般的平凡民居。

老屋民宿的故事 | 從老宅的柑仔店變成民宿

紅磚小屋的前身是百年前蓋起的三合院，直至民國五、六〇年代，長輩開始經營起柑仔店的生意，後來在便利商店逐漸廣泛，柑仔店無法生存，於是收店想將古厝改做出租套房。此時，在地民宿風正興起，溫大哥於是接手古厝，申請了民宿執照，開始了大甲第一間、也是唯一的民宿。

紅磚小屋原本的大門是開在民宿右側的「大馬路」上，之所以叫這個名字，是因為它是一條大甲通到馬鳴埔的大路。後來，另一邊的道路擴寬變成雙向通車，為了做生意方便，長輩們便把大門轉向，於是地址也跟著改了，但舊時的門牌依然高高掛在「大馬路」的側門上。

交通位置極佳，成為大甲新人迎娶場地首選

因為前身是三合院，很有古早味，再加上環境乾淨舒適，也有足夠的空間，交通位置又剛好在交流道旁，因此有許多人選擇在紅磚小屋當做嫁娶的地點。尤其是農曆上的黃道吉日，常常一個早上就有

1.現今紅磚小屋的大門及外觀模樣／**2.**紅磚小屋內掛了許多膠彩畫大師高永隆先生的作品，這種畫作特色是不易褪色、變質，吸引不少人目光，也讓紅磚小屋添了份文藝氣息／**3.**院子是片草皮綠地，剛好可做為活動場地，加上古香古色的紅磚房，讓許多人選擇紅磚小屋做為嫁娶的場地。

二到三組的新人，甚至有一次是一個早上四組，而且有兩組新人是選在同一個吉時迎娶，這時溫大哥就必須化身最佳場控人員，抓準時間讓每組新人都可以順利在吉時完成所有儀式，是非常忙碌又特別的經驗。

有知名藝術作品的加持，讓空間增色不少

溫大哥的小舅子高永隆先生是國內知名的膠彩畫家；紅磚小屋內就掛了多幅高先生氣派瀟灑的畫作，那磅礡的氣勢一下就吸引了進門者的目光。膠彩畫是一種用膠為媒介、混合多種天然礦物的粉末，例如：金箔、珍珠、綠松子、綠礫石……等做

為原料，與水調和後成為顏料的畫作型式。這幾幅膠彩畫還吸引了不少中國及日本遊客慕名而來，也成為紅磚小屋一大特色。

Before & After 老屋改造全記錄 | 工程篇

1 建築結構 + 格局 + 建材
舊有格局拆掉重砌, 加大住客的活動空間

三合院老屋常有隔間複雜狹窄的問題,溫大哥的做法就是將整個老屋的隔間都打通,只留外牆重新裝潢,原有的繁複格局變成四間住宿房。

不同年代的紅磚,展現老屋的特殊性

紅磚小屋已有約百年的歷史,無論是紅磚和砌磚技術都可以看見時代背景轉變的痕跡。最早的屋體是用當時中部相當著名的彰化八卦窯所燒的手工磚,非常耐用,歷經百年變得樸質又有韻味;而近期整修的磚牆則是一般磚窯的紅磚,顏色鮮艷。

溫大哥在整修時,也特地找到與過去相似的磚材來佈置空間,以保留老屋的古味,也讓客人細細欣賞不同階段的不同砌磚、造牆的工法。

1.八卦窯產出的手工切割磚，中間白色部分是用糯米與石灰的混合物／2.從此張照片可以看出不同磚牆所呈現出來的效果。右邊牆面使用文化磚做裝飾，左邊使用現代清水磚；都是紅磚，但顏色和功能卻有極大的差異

許老師修復術

細說紅磚古牆

過去農村，因為水泥和紅磚價高，一般人都用黃土磚加糯米、稻梗灰來砌牆，這種黃土屋是很脆弱的，現在幾乎不復見了；而目前看到的百年老屋都是用料紮實的紅磚屋。這類紅磚屋會選用當地著名磚窯所燒的手工磚，通常是用石灰混合糯米做為砌牆黏著料，大戶人家因為買得起當時稱做「紅毛泥」的水泥，就會用水泥砌磚牆，蓋起更高、更牢固的磚樓。

但自從現代的RC鋼筋混凝土建築興起後，想找到願意用古法一磚一瓦繁複堆疊、砌磚蓋房子的工班，可說是難上加難。不過，現今復古風盛行，於是有了硬度高、耐度強的清水磚和裝飾用的文化磚，也讓台灣的紅磚文化更多元。

1

2 裝潢＋衛浴
使用天然材質裝飾牆面，以減少反潮現象的損害

大甲地區靠海、溼氣重，容易有反潮現象，特別是像磁磚、油漆的部分都會受到影響。紅磚小屋在整修裝潢時，溫大哥堅持房間的牆壁和天花板都不用油漆；因此，除了廁所外，在紅磚小屋的房間幾乎都沒有用到油漆和磁磚，而是用竹編和藺草等天然材質來裝飾牆面。

化糞池加大，以因應改造民宿後，浴廁的使用量

紅磚小屋在改建時，特地將化糞池重新設計加大容量，但是裝好後沒多久，化糞池竟然出了問題，原來是化糞池的地下約一公尺處，剛好有地下水層經過，只好重新再改裝。這次是溫大哥自己設計、整裝，雖然自己來不會比較便宜，卻更加了解房子所在環境的地質。而且自己做化糞池，將來留傳後代，也能讓後輩緬懷前人的辛勞。

1.紅磚小屋的外牆是以磚紅色的現代清水磚砌成的／2.老古厝經過整修後，依然完好地矗立著，長久守護著這個家族，具有不一樣的
意義／3.4.堅持房間內不使用油漆，避免反潮，而用竹片和藺草編做牆壁裝飾。

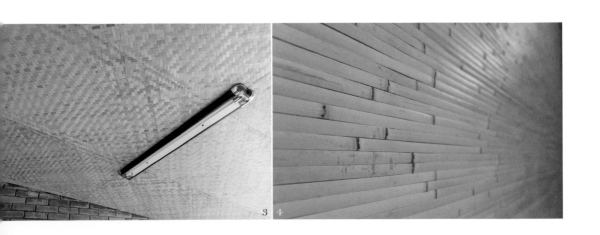

1

2 改建小叮嚀
懂裝潢，不發統包，反而更能實現自己設計夢想

如果完全交給師傅或設計師做，溫大哥認為會失去自己的味道，也比較沒有參與感，再加上自己和家人都對建築、裝潢有基本常識，所以沒有請統包的工班，而是腦海中有構想，直接買材料請工人施工，不同的裝潢內容請不同的施作者。

在客人到達前先開空調，客人進房時會覺得舒適貼心

溫大哥發現經營民宿最大宗的維修費用是空調系統。因為客人一進房間就希望房間馬上就涼，但冷

氣的運作都需要一段時間才會有涼意，所以客人常會拿著遙控器亂按，導致冷氣損壞率極高，幾乎每年都要維修。建議最好能確知客人到達的時間並在之前先開好冷氣，讓客人一進房便能感受涼意，減少冷氣的折損。

能用的古物盡量保存，鎖住老屋的古味

老物的保存也是紅磚小屋的重點之一。其中有一座阿祖留下的古董蓋頭櫃，是從上掀起的古式開法，到現在還可以聞到淡雅的檜木香；又如過去

許老師修復術

紅磚老屋常見的斗栱和出挑栱

斗栱是中國傳統木造建築中常見的載重結構。在傳統屋宅中，位於各個立柱與橫樑的銜接處，會有挑出的物件以承載屋樑的重量，這個挑出的木造結構，便稱為「斗栱」。

斗栱又可分做兩部分，挑出與橫樑平行的稱做「出挑栱」，最簡單的型式就如紅磚小屋沒有任何裝飾，稍講究的會在其上彩繪，若是大戶人家、官衙或廟宇就會有各式雕花。在出挑栱下方通常會有托住栱的「斗」，有時又稱做「蓮花托」。

斗和栱組在一起才能稱做「斗栱」，一般會依其承載的大樑或屋頂重量，而有各種繁複層疊的設計，有時甚至會多至四、五層的斗栱構造。而紅磚小屋的出挑栱較單薄，且其下沒有斗，推測最早的功能是廂房中撐住邊樑的小挑栱。

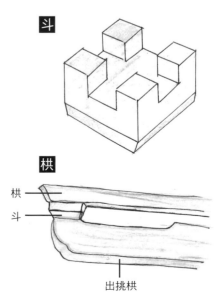

斗

栱

栱

斗

出挑栱

的正門，除了門環因鏽蝕而到古物店買了一對鎏金獅子環換上外，其他都是百年前的古物。這些老物雖然年紀大，但愈久愈有韻味、也愈珍貴，所以建議能夠盡量把能留的東西都留下來。

1.阿祖的蓋頭嫁妝櫃是檜木做成，快百年了，依然相當完好；上面的花布是特地找來搭配，很講究、一點都不馬虎／2.這張桌子是用電力公司丟棄的電線桿做成，並保留電線桿上的陶瓷礙子，做成裝飾，非常特別／3.老古厝上的老雙開木門，是以前的正門，其門框、門板及門閂都還維持百年前的樣貌。

民宿創業企劃書

總金額	100萬元
房間數	3間
建物性質	家族長輩居住的百年古厝
各項費用	外觀硬體55萬、內部裝潢35萬、硬體：10萬
每年維護成本/項目	約10萬(含房舍外觀及內部維修、電器維護等)
旺季月份	7、8月

※購屋成本會依當地市價和時間與時機點而有所不同

選址階段

1 位於都市計劃區外的乙種用地，申請執照需要較長時間

大甲地區大多是都市計劃區，但紅磚小屋所處區域剛好屬於農業用地中的乙種建築用地，因此在申請民宿執照時，花了四至五個月的時間，才通過核准。

※建築法規將非都市區土地依其使用性質，訂為：甲、乙、丙、丁建築用地，以及農牧林業特定目的用地。這類用地在申請整建、營業執照上，審核手續會較繁複嚴格。

改造階段

1 對建築要有基本概念，買老屋整建時才會省錢又省事

若自己對建築裝潢有基本認識，可以省下統包的費用，將腦中構想直接與工人溝通，除了可省錢、與工班的溝通較順暢，也比較有自己的味道和身歷其境的參與感。

2 多少錢做多少事，不要做超過預算的事

若經費上有所限制，建議保持多少錢做多少事的原則，等有錢了再來繼續計劃的整修，否則會被債務壓得很痛苦，反而做得不開心，而讓民宿淪為賺錢的工具，開心地享受經營民宿才是最好的態度。

3 自己經驗不足的地方就問人或找師傅來一起討論，較有效率

民宿主人大多都沒有建築相關背景，除了上網找資料、看書自修、求助朋友，還可以找施工師傅一起討論解決方案。根據觀察的經驗，通常熟識的或年紀較輕的師傅比較願意動腦筋和你一起想辦法。

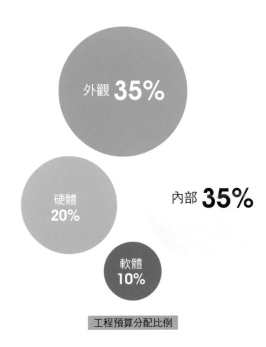

外觀 **35%**

硬體 **20%**

內部 **35%**

軟體 **10%**

工程預算分配比例

經營維護

1 清潔一定要落實，連一根頭髮都不能放過，讓人留下好印象

民宿清潔當然很重要，但最基本的底線就是絕對不能有頭髮，這不僅是飯店旅館業的大忌，就民宿業而言也是最基本的要求，否則會讓客人留下不好的印象。

2 房間遺留的菸味很難消除，根本之道是室內禁菸，就算室外也盡量避免

菸味是所有民宿主人的最大敵人，縱使窗戶全開保持通風，放置天然芳香劑，也難以消除，最根本解決的方式，就是要求客人不得在室內抽菸，這點絕對不能心軟通融。

3 維修費用最大的是冷氣遙控器故障，幫客人先開好空調則可避免

客人一進房間就希望房間馬上就涼，但冷氣的運作不可能那麼快，所以客人容易拿著遙控器一直亂按，導致遙控器壞得快，幾乎每年都要維修，是一筆不小的開支，建議在客人到之前先開好冷氣，便能拯救冷氣遙控器被摧殘的機會！

大氣銀行樓
變身
喜氣婚嫁民宿

好住民宿

矗立在巷弄平房中一棟大氣的建築，有如城堡般堅不可摧，是一棟銀行改建成的民宿，名為「好住」。堅實的大柱、挑高的空間、大理石地磚和牆壁，一切猶如銀行櫃檯的吧台設計，都讓人一入內就可馬上感受到特殊的銀行風格；可以住在銀行內，真是獨一無二的體驗。這棟民宿就是全台僅有的一間由銀行改造的合法民宿喔！

老屋變民宿info

民宿主人 劉姐

老屋×民宿　改造項目

拆除工程
泥作工程
水電管線重新配置
油漆工程
二樓與三樓重新隔間
廁所改造工程
一樓空間裝潢，含吧台與廚房施作
大理石牆面重新打磨清潔保養
大門拆掉重做
空調系統安裝，新增中央空調水冷節能馬達

開業時間	民國101年12月25日
經營型態	自宅
建築前身	臺南區中小企業銀行
籌畫與施工時間	約5個月
地址	雲林縣北港鎮公民路37號
電話	0932-587227
網址	http://www.0932587227.com.tw

好客的老闆娘×充滿愛的堅實堡壘

1. 全台唯一由銀行改建的民宿，可一窺過去公家單位的建築格局。
2. 特地為新嫁娘設計專屬的迎聚房，讓參加婚禮的親友團免去舟車勞頓。

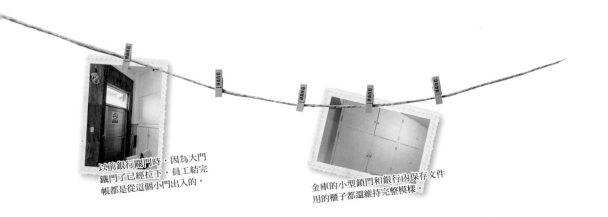

以前銀行關門時，因為大門鐵門了已經拉下，員工結完帳都是從這個小門出入的。

金庫的小型鎖門和銀行內保存文件用的櫃子都還維持完整模樣。

老屋民宿的故事 | 第一眼就愛上的銀行樓

這棟座落在北港朝天空附近，前身是台南區合會儲蓄公司的建築物，落成於民國五十八年，距今已近五十年了。後來轉變成「台南區中小企銀」，也就是現在的京城商業銀行前身；幾經轉手，原本的銀行樓變成了現在的「好住民宿」。

民宿主人劉玉鳳（劉姐）女士，第一眼看到這棟房子，就被它的大氣、明亮、寬闊的空間給吸引，尤其考量到這樣的空間適合在餐飲服務十一年的兒子做生意，價格也尚在預算之內，於是就將此買下。現在吧台後方是一間專業級的廚房，是供兒子在一樓開設的義大利麵餐廳使用，此間餐廳在當地頗受好評呢！

退休後的安身處變成交朋友的好地方

劉姐一輩子幾乎都投身於保險業，退休後買下這棟房子除了看好房子的未來性外，最主要也是想找個老年安身立命之處，可以讓朋友們時常過來泡茶、聊天。劉姐認為和她買保險的客戶都是她的貴人，換個角度想，也是這間民宿的股東之一，所以希望過去的客戶和朋友們，也都可以常來這裡作客。劉姐請了一個管家在好住幫忙，也順道陪在身邊，相互生活有所照應，這種平靜生活和怡然自得的樂趣，就是她退休後最想追求的境界。

重視愛與家庭，所以叫做「好住」

把民宿取作「好住」這個名子可是有深意。「好」字，由女與子所構成，從篆體來看，女是女性彎下腰來服侍的樣子，子是男子頂天立地的模樣，這樣陰陽互動、生生不息的象徵完整了一個家的美好，萬物皆由家做出發而後滋生萬物。「住」

則是由主和人形成，説明了一個家只能一個人作主，但並非一直都由男性或女性一個人做主，而是要互相扶持，輪流互補共同支撐起一個家，由此就可以知道劉姐是一個非常重視愛與家庭的民宿主人。

客人都是家人，用愛去照顧

來到好住民宿最明顯感受到的一點，就是劉姐對待每位客人的愛，劉姐將「愛」當作是好住民宿的生活標竿，把每一位來到好住住宿的客人，都當作自己的家人。從一樓規劃的文藝展示區中，所展示的作品和牆上的掛飾，到房間床頭圖示意象和溫暖的房間色系，都依此為概念出發，讓「愛」在好住民宿無所不在。

老照片牽出好友誼

這張大合照是由一位父親曾是銀行董事的雲林在地人所提供的。

話説，這位離鄉打拼的先生回到老家，發現這棟父親以前工作的銀行在關閉多後後開始施工，準備重新營運。一問之下，才知是劉姐要在舊銀行樓裡開民宿，於是前來拜訪，素昧平生的兩人就這麼聊了起來，還主動提供了父親以前在此當行員的員工合照；也因此和劉姐識變成好朋友。

1.右邊的吧台設計是為了模擬銀行的營業櫃台所設/**2.**為新娘量身訂作的空間，新娘可在此梳妝打扮/**3.**好住門口的門把，就是「好」字篆體的構造。是為了讓人一進門就可感受到好住所代表的陰陽調概念而設計的/**4.**房間為了呈現愛的元素，在牆上做了一個立體的裝置藝術，是用鐵、泡棉和網狀的型體固定後噴水泥砂漿給糊成的生命櫻花樹，它盛開的模樣讓躺在房間裡的人像是一對男女躺在櫻花瓣上睡覺般。

[Before & After 老屋改造全記錄 | 工程篇]

建築結構 + 格局 + 建材
堅固如山的建築結構，天災來襲彷若無事一般

銀行就是要給人安全堅固，值得信任的形象，這樣大家才會放心把錢存在這裡。因此，過去的銀行，尤其是公立銀庫的建築結構和構造也會特別強調堅實的基礎，而從好住民宿的樑柱比一般建築來得粗壯密實，便可看出此點。

好住光是一個牆面所用的柱子，就比一般民宅多上好幾根，所以非常堅固；而現在經過快半個世紀，無數的地震和風災都沒有讓這棟老房子產生裂縫和

漏水，連屋頂的隔熱和防水層都還保持得相當良好，耐用度高。

原本的挑高設計，讓房間更大氣、舒適

從日治時期開始至民國五、六十年代的銀行建築中，可以發現通常在一樓與民眾互動的辦公大廳通常為挑高設計，讓人走進來不會感到壓力，也是種

大氣的氣勢展現，所以在每一層樓幾乎都有挑高的情況下，站在好住民宿三樓往外望，竟然還比旁邊一般房屋的五層樓還高，這點也是滿奇特的。

大理石裝潢完全保存、耐磨、好清潔

另外一個關於早期的銀行給人的刻板印象就是使用大理石做為牆壁和銀行高聳櫃台的主要材料，因為大理石在當時價格不斐，看起來氣派，具有亮麗光澤和豐富多變的紋路花樣，非常堅硬耐磨，可防火耐久，在一般的使用狀況下壽命甚至可長達數百年之久，非常適合用來作為銀行給人屹立不搖，堅不可摧的形象裝飾，所以當時被拿來大量採用在銀行的外牆、地磚、壁飾表面，有些銀行甚至會使用更為稀少的花崗岩作為材料使用。

衛浴空間大，給客人面對自己的空間

劉姐是一個喜歡旅遊的人，因此將心比心替來好住民宿的客人設想，認為經過一整天出門旅遊的疲累後，浴室是全身脫光，放下一切，最真實面對自己、享受自己的時刻，所以浴室一定要大，讓人感受到輕鬆自在的空間。這就是劉姐的生活哲學，每天都要找地方與自己說說話。

迎嫁娶為主力客人，還有專門的新娘房

還記得剛開幕時遇到的第一組客人就是來這邊迎娶的，而營業至今也陸續有許多新人選擇好住民宿來當作結婚嫁娶的場地；因此，劉姐特別打造了一個以結婚為主題的房間，供客人使用。

此房間為樓中樓設計，共可睡六人，上四下二，上面可以讓新娘和其姐妹淘睡覺，下方則是可以讓長輩及父母睡，或是三代同堂一起睡一個房間，可各自分開不干擾。另外，房間還特別規劃寬敞的空間，讓新娘有地方梳妝打扮，配上牆上彩色磁磚貼的喜字鞭炮和紅色幾何圖形花瓣牆飾，創造出喜氣洋洋的感覺，選擇這間房間與家人共度單身生活的最後一晚真是再適合不過了。

2

1.光是邊上排列的柱子數量就比別人家的柱子數量多上許多，更何況密集的排列更使整棟房子的結構更為堅固，還特別找專業人士來鑑定過這棟房子的結構安全，可說是一棟堅不可摧的房子／2.房子內的樓梯都是一體成型，如此一來，可以免去加裝橫樑的部分，讓樓梯開口可以不用留太多空間。視覺上就像是一幅幾何圖形的畫，非常漂亮。

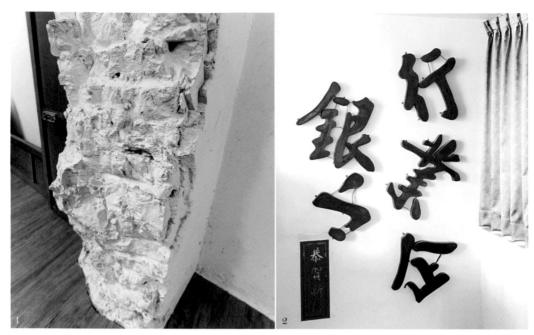

1.當時因為要將金庫搬走而把牆敲掉搬出金庫,從磚牆的敲擊痕跡可以看出那磚牆的紮實程度／2.原有的台南區中小企銀招牌字,可惜有幾個字不見了。

2 密室金庫 + 鐵花窗
銀行地下室金庫是堅實的堡壘

金庫,就像銀行的心臟,是銀行裡最值錢,也是每個人都想一探究竟的終極祕密基地。而好住民宿裡銀行的金庫也都還保留大部分的結構和樣貌,那比一般磚牆還厚實數倍的金庫外牆裡,以前就是放著裝滿鈔票和黃金的金庫所在位置,但當時因為要將金庫搬走而不得已,只能把牆敲掉才能搬出金庫,所以留下了當時敲擊的痕跡,也因此而得以看出那磚牆的紮實程度。(※金庫區域目前無對外開放)

特別設計的鐵花窗,象徵元寶錢多多

好住民宿外邊的鐵製花窗是用一個個圓所構成的幾何圖形,那每個圓形就是以銅板的圓型做為發想,利用古銅錢的圖騰來象徵元寶的意思,由許多個元寶變成的大片鐵花窗象徵很多錢一個錢多多的花窗較人如何不喜愛?無論是在白天陽光照耀下所投射出來的美麗陰影還是晚上燈光照映下的裝飾效果都有不同的獨特味道,吸引著人們的目光。

地下金庫逃生小門

當時為了讓金庫留守員逃生所特別設計的小門,是當人員進去金庫取物時,為了避免厚重的金庫門在不注意的時候不小心關上而逃不出去,通常會先把這個逃生用的小門打開,以防萬一。原本想把金庫原有的金屬顏色保留下來,但一不注意就被工人給漆成白色了。

1.一走進好住民宿就可以看到這個蝠在眼前(福在眼前)的木雕，讓看到的人馬上就有歡喜心／**2.**用舊地圖、量表做床頭裝飾，很有古意。

 施工小叮嚀

施工前的現金要準備夠，以支付工程款

在改裝施工階段，遇到的最大問題就是現金流部份，因為光馬上要給出去的現金就佔了裝潢費用約六成以上，其他錢也都必須要在短時間內支出，不然頂多只能開一至兩個月的票，所以手上的現金需要準備足夠，不然就會做到一半錢花光了，只能停工一段時間，等有錢再繼續施工，所以奉勸大家還是準備多一點現金以備施工中的不時之需。

施工和裝修知識懂愈多，愈可避免受騙和被人欺負

施工過程中有發生成品和想像中不符的狀況，要求裝潢師傅重做還被兇了一頓，感覺被人欺負的惡劣經驗，讓劉姐很無力，覺得自己的專業不足而無法注意施工材質與價格的合理性和細節。因此，除了尋找自己信得過的工班人馬外，最好還是多少知道一點施工和裝修的知識才會更順利。

民宿創業企劃書

總金額	1,200萬
房間數	5間
各項費用	外部硬體540萬、內部裝潢600萬、軟體60萬
每年維護成本/項目	約20萬
旺季月份	農曆過年到農曆媽祖生日

※購屋成本會依當地市價和時間與時機點而有所不同

選址階段

1 找老屋改民宿要先考量如何設計較省成本

銀行的挑高設計和明亮大氣不是每間房子都具備，改造老屋時不要空有熱情，最好先作成本評估。好住是劉姐特地請專業人士來評看結構性安全，且房子的建材用料都紮實後，才敢買下的。

改造階段

1 老屋保留的價值是什麼，需要考慮清楚

老屋改建最好的就是將老屋的價值凸顯出來，所以除了保留老屋特色外，重新裝潢時還可以特別將老屋特點強調出來，如銀行櫃台的吧台設計和晚上室外鐵窗的打燈效果。

2 民宿所呈現的風格和品味是民宿主人的責任，並非設計師的責任

雖然有些老屋改建者會將設計發包的工作交給設計師，但設計的想法源頭還是會在民宿主人身上，若都交給設計師執行和操作，容易不清楚自己在做什麼，也會有未來執行上的盲點，並與自己經營的民宿產生距離感。

3 衛浴空間要大，是每天赤裸面對自己的心靈空間

浴室是可以全身脫光，放下一切，一天中最真實面對自己的時刻，所以浴室一定要讓人感受到輕鬆自在，這樣才可以卸下一整天的疲累。

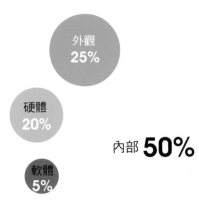

外觀
25%

硬體
20%

軟體
5%

內部 **50%**

工程預算分配比例

經營維護

1 床單、被單自己洗，確保天然、清潔、乾淨

床單被單自己洗有一個好處，除了可以做到清潔品質的把關，盡量不用化學劑量外，還可以拿去曬曬太陽，讓客人躺起來感覺舒適清爽。若要委外給外面的洗衣場處理，也建議到現場去視察過環境，並了解該洗衣場的客戶來源，才能保證品質。

2 好用的環保水冷馬達裝置可以讓水循環再利用

是水冷式空調和冷熱水桶結合的裝置，可以將冷氣產生的熱水流到熱水收集桶，當作洗澡水使用，同時水冷馬達運作產生的冷水，也可以回收流入冷水桶裡再利用，達到省水的功能，是劉姐特別推薦給大家的。

3 要什麼樣的客人由自己決定，方能快樂經營

什麼樣的民宿主人會吸引什麼樣的客人；這些感受除了透過民宿實體的裝潢呈現，住宿規範和經營方式也都會讓人有所查覺。歡迎接婚嫁娶的人來好住結婚，特別設計可讓三代同堂同住的房型和專門結婚嫁娶的新娘房，讓人感到對待新人的友善態度，這些都是民宿精神的呈現。

4 大理石的保養平常只要用乾布抹淨，但要定期打磨

大理石在清潔維護上更是容易，平時保養上只要隔一段時間用擰乾的抹布擦拭灰塵即可，因為大理石也不太容易累積汙垢，若要讓它保持光滑亮麗的色澤，則最好約十年時間左右定期打磨保養一下，以維持大理石的亮度。

Part 2

玩出夢想設計的風格民宿

重裝飾、輕裝修，發揮自身才藝佈置另類空間

盡可能保留老房子的主要結構和格局，
將整修改造的經費省下，用在空間的裝飾、佈置。
於是，老房子的空間變成了經營者的遊樂場，
自由自在地與旅客分享自己的想像力、創造力。

透天民宅
改裝為
純白溫馨小窩

日和・Maison

鄉下靜巷內，沒有招牌的全白三層樓民房，成就了一對夫妻的夢想園地，
尋尋覓覓只為了心目中美好生活藍圖——小小的院子有棵大樹，阿狗可以在樹下奔跑嬉鬧，
讓人擺脫都市生活的緊張節奏，擁抱鄉村自在的家庭溫暖幸福民宿。

老屋變民宿info

民宿主人 家琦與阿嘉

老屋×民宿　改造項目

拆除工程
泥作工程
防水工程
電路管線重新配置
油漆工程
樓梯空間外移，創造獨立動線
庭院園藝空間改造
增加浴廁空間和設備
大門改造
原一樓客廳改成四人大通房
原二樓房間改成用餐區及主人自住的房間
原三樓倉庫改成兩間住房
申請新的電表

開業時間	2013年6月
經營型態	自購
建築前身	超過30年的民宅
籌畫與施工時間	籌劃時間約3年，施工時間約6個月
地址	宜蘭縣冬山鄉廣安路125巷17號
電話	0978-798-797
網址	http://yilanmaison.pixnet.net/blog
特殊服務	供手作早餐，自製旅遊地圖，與狗共同生活。

愛家夫妻　×有溫度的寵物民宿

1. 東台灣少數的寵物友善民宿，歡迎客人帶寵物合宿。
2. 樓梯外推，各樓層擁有獨立動線，讓客人保有更大的隱私。

日和在未改造前，看來就是一般民宅格局。

在未改造前，是一般的平凡民居。

老屋民宿的故事 | 找尋理想中的老房子

民宿主人家琦快速的與阿嘉喜歡簡單的居家生活，希望能創造一個有「家」味道的地方，將這樣的生活方式分享給更多人，而展開了民宿追尋的路程。三年來每到週末假期，夫妻倆就會去宜蘭尋找適合房子，看過的房子超過上百間，還會專業地帶著量尺和相關工具做實地調查。

訂下自己的選址標準，更容易買到理想的老房子

在選址過程中，夫婦倆訂下了幾個選屋標準：

1. 老透天（最好是獨棟，但價格較高）
2. 邊間
3. 房子前面有塊地或院子
4. 無嫌惡設施（尤其是廟、高壓電）
5. 非集合社區
6. 建築外觀（本身不愛近期建築）

7. 交通及生活機能、鄰居背景

如果碰到一走進屋子後腦海就自動浮現家的藍圖和完工畫面，就代表這個房子是他們要的，但都常快要成交才時，發現房子無法申請民宿，最後才找到目前這棟三層樓老屋的「家」。

邊工作邊經營民宿，減輕初期資金壓力

日和 Maison(「家」的法文)是一個讓心平靜的空間，讓人沉澱之後能夠再面對各種課題的角落，這是倆夫妻共同的希望：可以一起變老、一起扶持、一同歡笑。

此外，因為買屋的貸款尚未償清，兩人目前必須工作、民宿兩邊跑，維持一定的收入量，過著「半民宿半兼職」。許多家琦與阿嘉表現出來的，是腳踏實地、一步一腳印往民宿夢想邁進的勇氣，未來他們還想前進花蓮創造「家」。

1.二樓用餐區，舒服的日雜風格，現在看到的落地窗和左邊的窗戶都是為了引光進入室內而開的／2.會心一笑的幸福就在不經意的小角落／3.三樓房間之一，原是倉庫／4.為了讓樓梯穿越，還把原先的戶外走廊截半，並巧妙的與老宅相連在一起，有種今昔對比的感覺。

Before & After 老屋改造全記錄 | 工程篇

1 建築結構 + 格局 + 建材
樓梯外推，創造主客獨立的生活空間

老屋內原本有一到三樓相連的樓梯，但為了打造每間房間獨立私人空間，於是將屋內相連的樓梯打掉封平，重新在屋外設置金屬樓梯。不但室內空間變大，每層樓變成了各自獨立的公寓；一座梯子互相連接，但各層樓又各自獨立、不受打擾。

二樓是民宿主人的空間，讓住客們互不相擾

一樓為一間四人的寬敞房間，二樓為用餐空間和主人的房間，三樓為兩間雙人客房。民宿主人的空間夾在中間，是怕樓上客人因的腳步聲會吵到樓下的住客，為了不讓客人受到干擾，就讓自己住二樓

1.右邊那扇窗是為了窗外的綠意再開出來的窗／**2.**日和的大門圍牆也做得很日雜風／**3.**一樓房間，原是客廳，整間房間走日雜風的輕色調。

中間，比較能控制音量和腳步聲不影響客人，這樣的想法讓人感到很貼心！

另外，用餐的公共空間也和在二樓的做法，對客人來說只要上下一層樓就好，很是方便，而且由於主人房和廚房用餐區域相連，做早餐時也很方便和快速，更不會影響到客人。

為了安全考量，加高走廊扶手

一般透天民宅的結構都是一樓是客廳，為了要做民宿，所以把一樓變成一個四人房，裡面還有一個小客廳，放上幾顆抱枕，坐在大大的落地窗前望向庭院的綠色造景，真是超級溫暖舒服又愜意。

原本三樓空間是一間倉庫，後來重新隔間，增加兩組衛浴空間設備，整理成兩間客房，而原本扶手不夠高的室外陽台走廊，也因為安全考量而加高了女兒牆高度。

先觀察房子坐向的光影，開對窗增美景

一樓房間的大落地窗和二樓幾扇看出去是一片綠意，這是家琦夫妻倆的用心；他們細細地觀察這棟房子的光影變化和望出去的景致，才決定改建方式，於是原本一片光禿禿的普通牆面就這樣開了窗，讓景和光都一起灑進了室內，洗滌旅人們疲憊的心。

 門 + 地板 + 衛浴溼氣

挑選木門材質時，要考慮當地的環境多雨氣候

日和 Maison有個性的室外木門，當下雨時會吸收水氣膨脹，也容易受熱漲冷縮的影響，常常漲大就卡住，縮小時風一吹，就產生哐啷哐啷的聲響，令人相當頭痛。

尋找木門的途徑，除了去裝潢家具店挑選新的木門外，也可以去古物專賣店或到拆遷的房子撿舊門來，但是這些年代已久的木門，對環境有一定的適應性，對於氣候變化所產生的變形或乾裂問題，就

會比較少。

開寵物民宿，用貼皮地板可降低維修成本

家琦與阿嘉一致認為地板貼皮是經濟實惠又美觀的好東西，對於有養寵物的他們來說，貼皮地板清潔起來方便又容易，若有發生受損，就直接在上面

1.三樓個很有個性的室外木門，打算要換掉，目前正努力尋找適合的門／
2.日和的窗簾都用這樣繫綁的方式，好看又簡單大方。

再貼一層即可；且在價格上與原木地板有四倍價差之多，對於較有經濟上考量的人來說，可以選擇貼皮地板。

　　另外，使用的地板磚花色有可能過一段時日就難以尋找或不再販售，這裡建議可以多買一些起來備料，以防萬一。

利用壁掛風扇加快衛浴溼氣的散逸

　　民宿的衛浴設施常有潮溼的問題，日和 Maison所在的宜蘭潮溼、多雨，而廁所通風僅靠一個小窗，更是不容易乾，因此裝上了壁掛式風扇，空氣流通，加快浴室的乾燥速度，是個最簡單又有效的方法。

選用上等木材，可以防止木門變形、損壞

門是一種很巧妙的東西，平常使用時日不太會注意他，但人其實又都會下意識的把看到的門和屋內相關的一切看做一體，尤其是室內的門。

房子的室內門由於比較不易受日曬雨淋，比較好挑選，通常可找與室內裝潢風格相符的門就可以了。所以當室內給人是明亮清爽的感覺，但廁所卻用塑膠廉價材質的門時，會讓人對民宿的質感產生質疑，所以必須維持一定的整體感，細心的經營者還會連把手都精挑細選一番呢！

因為要承受嚴苛的環境變化，室外門就必須找耐用堅固的材質，若是選用木門的話，櫻桃木、胡桃木、柚木……等這類加工後不易變形的上等木材，會比較耐用，且在挑選上木材的含水量也是愈低愈好，而在表面上漆則是可加強室外木門防潮和避免裂開的功效。

3 法規 + 工班 + 壁癌問題
清楚相關法規後再找房子，申請執照更順利

　　家琦與阿嘉在找房子做民宿的時候，就很聰明地先針對民宿法規的條件做篩選，所以在申請民宿執照時幾乎沒遇到什麼困難，很順利地就通過檢查拿到民宿執照，因此，先弄清法規再做事，才是最好的省錢、省事又省力的方法喔！

合約詳細載明、時時拍照存證，是監工的不二法門

　　施工所需要的師傅和工班團隊，一般可透過朋友推薦或向人探聽詢問。若真的都完全找不到，可參考家琦與阿嘉所使用的方式──google搜尋。輸入關鍵字，查看相關施做的作品和經驗，再將挑中的候選名單一一約到施工現場實際面談，最後針對留下的約二至三組名單進行價格和內容確認，從中挑選最適合的合作。

　　但是網路上找到的工班良莠不齊，還是有可能遇到師傅便宜行事，導致問題層出不窮。所以認真仔細監工，將所有材料、品牌、規格、施工方式等清楚記於合約中，並時時拍照存證，有任何問題馬上提出與統包商協調，是最安心的作法。

1.綠化的花園和一樓落地窗打開來就可看到的小庭院／**2.**日和每間房間都有素描本和色鉛筆，來到此不妨留下你最真誠的話語或畫面給民宿主人吧／**3.**日和的綠化，漂亮的草皮和圍牆上的藤蔓都是出自園藝長之手，在花期時會長出漂亮的花朵。

 寵物民宿 ＋ 鄰里幫忙
4 寵物民宿務必和客人說清楚規定，以免讓民宿設施受損

　　因為有養狗，所以了解帶寵物外宿的不便，所以日和 Maison開放寵物同宿，但請客人務必遵守相關規定，共同保有人和動物間都平靜舒適的環境，而大部分的寵物主人也都非常友愛地維護民宿的環境整潔，不會任意破壞。

　　雖然也有遇過把房間弄得慘不忍睹的顧客（馬上列入黑名單），但總體來說，與狗主人們的經驗交流所帶來的的愉悅時光，還是非常值得的。

必須遠距離經營時，鄰居的守望相助很重要

　　由於上班關係，兩地跑的家琦與阿嘉很感謝鄰居們的照顧與幫忙，平時沒人時，住隔壁的阿伯會幫忙收信，臨時有緊急的事情，鄰居們也會幫忙留意，讓人充分感受到鄰居們的溫暖。

民宿創業企劃書

總金額	650萬元
房間數	3間
建物性質	超過30年的民宅
各項費用	硬體外觀59萬元、內部裝潢163萬元、軟體65萬元
每年維護成本/項目	10萬(第一年較多，約15萬)
經營月份	4~9月

※購屋成本會依當地市價和時間與時機點而有所不同

選址階段

1 除了符合法規外，依自己喜好的條件篩選房子

尋找老屋時，除了民宿法規外，家琦與阿嘉也訂了自己一套篩選條件。這樣不僅讓申請民宿流程順利，也能快速買到自己喜歡的房子。

2 向銀行貸款減輕一部分的資金負擔

在買房後向銀行貸款時，所有細節及花費都必須在買房子前考量清楚，自己是否有能力能夠負擔房貸及裝潢費用、自身條件是否可申請足夠貸款。

改造階段

1 老屋改造前，自己一定要先有想法

若改造前屋主沒有想法，容易造成施工狀況混亂、設計調性不統一；自己也會不知道改造狀態，所以建議改造前最好還是能清楚改造的藍圖。

2 不選擇投資客已拉皮整修過的房子

拉皮過的房子無法得知實際房屋狀況，等到問題發生處理起來反而會更麻煩，因此買房子除了仔細看房況，也必須了解賣屋人的心態與背景。

3 與工班的配合和監工最好自己有點基礎知識並訂定合約

施工過程常遇到師傅只考量方便行事而忽略整體概念，因此先做點功課，有了基礎知識再與工班的溝通會更順暢，而且最好將施工品項和規範定在合約中，確保雙方權益。

4 在改造前，先做好建築結構安全評估，施工才能更順暢

老房子常有壁癌、管線雜亂……等問題，若先請建築師確認建築結構安全性，重做防水工程、水電管線動線，才是解決問題的根本之道。

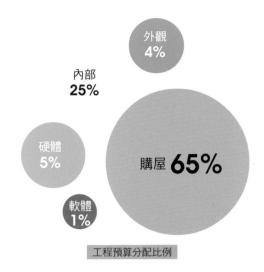

外觀
4%

內部
25%

硬體
5%

軟體
1%

購屋 **65%**

工程預算分配比例

5 使用低價的塑膠門，容易讓客人感覺廉價，不願入住

當室內給人是明亮清爽的感覺，卻用塑膠廉價材質的房門時，會讓人對民宿的質感產生質疑，所以必須維持一定的整體感，細心的經營者還會連把手都精挑細選。

經營維護

1 隨時都有意料之外的情況，所以經營者的抗壓性要高

民宿經營常會有未知的狀況發生，如:白蟻侵蝕、冷氣壞了……等，也會有一定的經濟壓力，都必須要有足夠的抗壓性來面對問題，必須三思而後行。

2 鄰居間有良好互動，緊急狀況時可多個幫手

由於平時人不在民宿，是工作、民宿兩邊跑的狀態，所以與鄰居打好關係，遇到緊急的事情，鄰居們也都會樂意幫忙處理或留意，好處多多喔。

四方屋裡

瑞穗鄉下有個喜歡老屋的人,把一棟兩層樓的民宅改成了民宿,
附近只有田和隔壁的阿公、阿嬤,但是窗外看出去就是山、天空、雲和稻田,很悠閒、很自在,
四方屋裡以品味老屋的概念出發,希望大家偶爾能夠來鄉下走走,
住老房子,感受記憶中回家的單純生活。

老屋變民宿info

老屋×民宿　改造項目

結構鑑定工程
拆除工程
泥作工程
廁所遷移與新增工程
防水工程
電路管線重新配置工程
油漆工程

民宿主人　Mike

開業時間	2014年6月
經營型態	自購
建築前身	約35年歷史的民宅老屋（有20年左右都是空屋的狀態）
每年維護費	剛開幕，尚未有費用發生
籌畫與施工時間	392天（中間停工2~3個月）
地址	花蓮縣瑞穗鄉溫泉路一段134號
電話	0917-866173
網址	http://old.heksee.com/

熱血老屋魂×回到兒時美好時光

1. 以兒時懷舊為主題，民宿布置多是五、六年級的回憶小物。
2. 遠距離經營，雖然有請清潔阿姨定期管理，但主訴求是客人自助住宿。

一樓的房間位置原本是餐廳和廚房。

以前的老屋都是木板隔間，會有噪音問題。

老屋民宿的故事 | 現在不做，以後就沒機會了

Mike是基隆人，原本在新竹當工程師，被裁員後跑到澳洲打工換宿一年，娶了瑞穗老婆便到花蓮定居，現今在花蓮經營一間鄉村風的民宿，這是Mike的第一間民宿，同時是自有宅。

而會開始另在瑞穗四方屋裡的經營，可以說是因為一首五月天的歌：「有些事現在不做，以後就沒機會了」。最初，Mike是想要有間自己的老房子，這個夢做了三年，在某次機緣下聽到岳母在瑞穗有棟老房子要賣，因為喜歡瑞穗的生活，也曾想過在瑞穗養老，剛好有這棟老房子的存在，激起他熱愛老物老屋的心，就毅然決然將它買下。

愛上老物，將老屋變身為民宿

讓Mike會有一股衝動想要將老屋改成民宿，是因為之前Mike到台南旅遊時拜訪了「台南謝宅」民宿。受其主人的影響Mike開始愛上老物，進而跟著喜歡老屋，想打造一間很不一樣的民宿，一般民宿主人都是給人禮貌客氣的感覺，但四方屋裡希望來住的人能感受到老屋的「感情」，以及說的「故事」，並鼓勵人常來鄉下走走、住住老屋，讓人感受到老屋的魅力，而非只是單純來住民宿。

民宿主人Mike希望來住的客人也能常來鄉下走走、住住老屋，讓人感受到老屋的魅力。

1.四方屋裡的懷舊物件都是針對大家都會有共鳴的部分進行挑選。漫畫書雖然是買二手的，但本本都是經典中的經典，這裡的漫畫書可以讓客人自由翻閱，重溫舊夢／2.木頭廢料也可以拿來做成民宿房間的鑰匙圈，給客人的房間鑰匙要愈大愈好，才不會搞丟了。

講感情的民宿經營

四方屋裡是由一間屋齡三十五年左右的老房子改建的，原本是農家，後來屋主舉家搬到高雄，因此這棟房子已經有約二十年左右都是空屋的狀態。Mike將荒廢二十年堆滿雜物的空屋，改造成一棟希望客人能夠真實感受到回憶中兒時放學回家的美好單純生活，而非只是住民宿。透過保留原本屋內的物件，增添了許多具有歷史年代，甚至復刻了部份裝飾，意圖讓這些屬於大家記憶中熟悉的美好青春回憶，給勾回來。

遠距離的經營模式

原本，Mike和家人都住在花蓮市，而且有另一家鄉村風的民宿在花蓮經營中，當Mike買下這棟瑞穗老屋，並著手改建經營時，家人都不太支持，認為在花蓮市做相對輕鬆很多，幹嘛還要再多做一間，更何況是在那麼遠的地方。

確實，家人的考量並非沒道理，Mike自己也覺得距離對於改建過程中的監工和營運上的確有一定程度的不便，但頭都已經洗下去了，也只能想辦法克服這個問題。

如今，四方屋裡請了住在附近的阿姨當小管家幫忙打掃管理，並主打客人「自主經營模式」，也就是不與民宿主人同住，由客人自備早餐，給予客人較大自主空間的模式。民宿主人不用每天都在民宿內坐鎮，同時也解決了距離上的管理問題，是兩全其美的做法。

Before & After 老屋改造實作全記錄 | 工程篇

1 建築結構 + 格局 + 建材
防火建材與措施是必備要件

　　在現行的民宿法規中為了消防安全，規定民宿建材需要用防火材質施作，這對老屋改建的民宿來說，是一項難題，同時也是個大工程。Mike的做法是在木板塗上防火漆，並保留購買材料時都會附上買幾加崙的防火漆證明，這是在消防安全審核時必須備妥的相關文件，而這些措施不但保障了住客的安全，也免於讓自己陷在消防審核的麻煩。

室內打掉隔間重新規劃、讓客人不再等浴室

　　改造施工時，Mike要求工班進行隔間拆除工程時都不能動到主結構，所以對於房屋結構安全來說是沒問題的，而本來傳統的邊間透天狹小的隔間經過調整之後，也變得更寬闊了，原先一樓後方的餐廳和

1.為了預防老屋發生火災和油煙的問題，四方屋裡並沒有煮食的廚房，但有讓人調理的地方。仿早期廚房樣式，老櫥櫃裡重新整理後，裡面可以放一些旅遊資訊和碗筷，旁邊有小流理台／**2.**「二樓前座」的桌椅剛好就在電視前，角度超好。天花板還有一盞工業燈，是民宿主人喜歡的風格／**3.**為了表現出老屋的風格，衛浴間的磁磚是特地花時間找來的老花磚，因為施作起來較麻煩，讓Mike被貼磚師傅唸了一頓／**4.**上二樓的樓梯是原本老屋的配置。樓梯旁邊那道牆後面原本是廁所，為了讓一樓動線更加流暢而拆除變成走道，Mike還特別把打掉的牆面缺角給留下來，讓人可以看到老屋的內部結構。

廚房部分變成一間雙人房，二樓也只隔出了兩間雙人房，可以想見改變後的房間空間並不至於太小。

　　Mike回想自己旅行的經驗，只要是和一群朋友出去玩，有時住在浴室共用的青年旅館時，洗澡都要等，為了不想讓這樣的情形發生，Mike堅持每間房間都要有自己的衛浴設備，因此施工上的管路佈線和走道動線，就會跟著調整，這也是改建中經費花用較多的一塊。

大坪數客房是為了給客人更多舒適感

　　關於客房的空間和舒適度，Mike很有自己的想法的，因為Mike希望給的是空間，而不是房間，所以期望來住的人感受到的是老屋帶來的舒適度，因此每間客房都是大坪數的，雖然房間都還是以雙人房為主，但是若客人有人數上的需求，二樓房間也都還有位置可以加床。

1.房間內使用很多早期復古元素,例如:天花板的圓型的幾何摺紙燈、老沙發、老花磚/2.整修過的廁所乾淨明亮,且每間客房都有各自的衛浴設備,為的就是不希望讓客人"等"廁所/3.「二樓後座」;雖然目前四人房的需求量較多,但Mike還是希望以雙人房為主,不夠睡再用加床的方式調整/4.改造後的一樓公共空間非常寬敞,有良好的透視感。

2 木料 + 水電管線 + 老物保存
木料自己叫，省很大

改造老屋的木料由自己進的話，通常可以省下大筆中盤商轉手的費用，四方屋裡的三十噸木料全都由Mike自己叫貨，但自己叫木料也有風險，就是不知如何挑選好木材？

Mike雖然懂得如何作木工，但對於木頭的叫料也不甚熟悉，於是就平常帶些檳榔和菸請木材工廠的工作人員，對他們好一點，把關係打好，打通消息，知道何時會有便宜，品質又好的木材進來，讓挑到壞木材的風險可以降低。

民宿用電量大，水電管線最好重拉

老屋的電線規格與現在的都不一樣，且因為家電品用得多，所以電量耗得兇，電線一定要加粗，這屬於老屋改建的基礎建設，基於安全考量必定要做的工程，若事先規劃得好，反而會省下不少改建及日後經營的成本，例如：避免漏電、裝設省電裝置……等。

建築補強和防水要先做

老屋改造的工程順序重點為：打掉隔間，將不必要的部分拆除，擴大房內隔間面積，接著就開始要著手基礎建設的補強，強化結構、重拉水電管線、防水工程施作……等基礎建設，再來才是室內美化的裝潢部份，這樣的施工順序最順暢。Mike曾經不懂這些順序就先把窗戶拆掉，導致下雨時，雨水打進室內造成漏水，被逼的在還沒處理完其他部分就必須先解決漏水問題，打亂了工程進度。

1.現在的鐵窗換成這種有老屋特色的花窗是特定請鐵工師傅客化製作的／**2.**靠馬路的房間常有車子或卡車經過發出的巨大噪音，尤其在鄉下安靜的地方，噪音又更加明顯刺耳，因此除了老屋原有的窗戶，又加了一層氣密窗，這樣的雙層窗戶主要是為了解決噪音問題，顧及住宿品質／**3.**有時不用是整間屋子都是老物，只需幾個有特色的代表性物品稍微點綴即可。

看來復古，卻是創新的木扇窗

四方屋裡的木扇窗是Mike自己親手做的。會有這樣的巧思，是因為有次去花蓮酒廠（花蓮文化創意園區）看到日式老宿舍的復古門，靈機一動，想說稍微改變款示做成窗戶也不錯，於是利用整建民宿剩餘的木料，和木作師傅借用器具加工，大概約兩天的時間，就完成了有遮陽功能的木扇窗。

3

改建小叮嚀
3
財務必須事先規劃好，因為停工就是虧損

　　Mike經營這間民宿曾一度覺得很後悔，因為原本他只打算花一百萬，但裝潢到一半遇到資金不足停工了兩至三個月，可是不可能做到一半就擺在那，於是想辦法籌錢，最後花了約兩百萬才完成。

　　之後Mike檢討了過程，主因全來自改建沒有全盤的計劃，造成整個過程非常艱辛，經濟上被逼得喘不過氣，導致剛開始開這間民宿的動機只是為了賺錢，很累也很不開心，為了避免這樣的狀況發生，Mike建議在經營民宿之前一定要事先規劃，尤其在財務方面的規劃特別重要。

工班難找&溝通困難

　　花東地區工人不好找，這幾乎是每個在花東的民宿主人都有遇到的問題。不是找不到人，不然就是好不容易跟工人約了時間，結果工班臨時先跑其他場子，做了別人的工程。另外，還有可能遇到工人做出來的成品，與當初規劃的完全不一樣，例如：本來設計七十公分高，做出來變成五十公分高，只好重做；真是一刻都不能放鬆，必須仔細緊盯每個細節，比起花蓮市的工班，瑞穗可選擇的工班又更少，工作態度也不佳，但為了考慮工程上的便利和維修問題，還是得請在地的師傅來做。

民宿創業企劃書

總金額	410萬元
房間數	3間
建物性質	約35年歷史的民宅老屋
各項費用	外觀硬體70萬元、內部裝潢98萬元、軟體41萬元
每年維護成本/項目	剛開幕,尚未知
經營月份	旺季是6～9月,以及農曆春節

※購屋成本會依當地市價和時間與時機點而有所不同

選址階段

1 就算位於偏僻郊區還是能經營民宿

縱使老屋在偏僻的鄉下,離自己的生活圈也遠,還是可以開老屋民宿,就像四方屋裡,講求的是尋找回憶中兒時單純生活,一旦有了經營的特色,在市場上就比較不容易被比下去。

改造階段

1 事先做好財務規劃,大幅超支會停工

有些人做民宿是完全沒有任何經營規劃,都是先做了再說,這樣容易造成資金上的缺口。因此,建議大家事前不管是在裝潢設計上或財務上,最好能有完整妥善的規劃,才做個有笑又有效的民宿主人。

2 省成本,木料、木工自己來

木料自己叫、自行運送,可以節省成本。木材行除了透過原本久居當地就會知道的資訊外,查黃色大本電話簿或撥打查號台104也是不錯的方法;木工部分,若是自己有木工的能力,也可以自己做。

3 老屋常有隔音問題,可用氣密窗、磚牆改善

老房子很好看、懷舊風情,但大部分的老房子睡起來都有隔音不好的問題,尤其是木窗,四方屋裡是加隔音氣密窗,甚至面對馬路的窗戶還加了二層;而原先的客房隔間也從木板改為水泥牆。

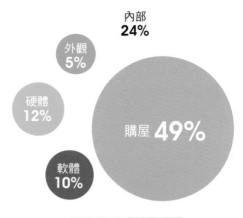

內部
24%

外觀
5%

硬體
12%

購屋 **49%**

軟體
10%

工程預算分配比例

經營維護

1 拼裝潢永遠比不贏，重點要有特色

民宿裝潢推陳出新，講的是流行，以投資成本的角度來看，完全是不聰明的做法。因此，民宿首重經營的想法和精神，能否傳達給客人，例如：在動線規劃、接待方式、房間風格、器具使用……等的理念呈現，讓客人接受這種想法，才是比較實際的做法。

2 住宿的舒適度是民宿最重要的精神

以做民宿來說，老房子的確很吸引人，但如何保留了老房子的味道，又能讓客人住的舒適是個重點，例如：氣密窗和磚牆隔間加強隔音效果、每間客房都配備衛浴間……等。

3 懷舊鐵花窗必須定期上漆保養，以免鏽蝕

四方屋裡的主題是五〇年代的懷舊風，所以特別訂做了當年流行的鐵花窗，但鐵窗不管是處於什麼環境，或多或少都會有鏽蝕的問題，因此需要每幾年固定上調合漆保養，防止嚴重的鏽蝕產生，也可保持原有的韻味。

芭蕉院子

座落在羅東運動公園旁第一排絕佳景觀位置，粉紅色的兩層公寓改建成的民宿，
房子周圍種滿令人心曠神怡的綠色植栽，充滿異國和主人的隨性手作混搭風，
民宿主人Erica喜歡旅遊，某次在泰北一家便宜又簡陋、前院有個小庭園的茅草屋民宿待了一星期，
之後總是想起這間茅草屋所帶給她的回憶。自己開民宿後，也想把這種溫馨傳遞出去。

老屋變民宿info

民宿主人 Erica

老屋×民宿　改造項目

拆除工程
泥作工程
水電管線重新配置
油漆工程
廁所改造工程
室內裝飾DIY，如燈飾、布簾…等
漂流木裝飾
木頭平台
木頭桌椅DIY
壁櫃增設
增加庭院空間
加種植栽

經營型態	租屋
建築前身	超過40年的社區民宅
籌畫與施工時間	約5年，邊營運邊改建
地址	宜蘭縣羅東鎮四維路152巷1號
電話	0921-105672
網址	http://ciwaschen.pixnet.net/blog/category/1545596

愛手作的女主人×民族風與色彩學的空間

1. 並非一開始就開民宿，而是分階段改造老屋，最初是咖啡廳兼做民宿，最後才整棟改造成民宿。
2. 經營者為藝術創作者，熱愛各類手作，利用色彩學和布材的知識，讓民宿充滿異國民族風。
3. 運用巧思讓民宿可自由區隔成兩層獨立的私人空間，或整棟的家庭式住房，滿足不同的客群需求。

過去咖啡廳的門面

咖啡廳時內部裝潢相當雜亂

老屋民宿的故事 | 老屋民宿改造進行中

老屋民宿「芭蕉院子」之前是一個華裔藝術家所開的Pub，裡面的空間非常文藝，曲線造型被廣泛運用，牆上也有特殊的裝飾材質，這些藝術風情在民宿主人Erica接手後都被保留下來。

一開始的芭蕉院子，其實是一間咖啡廳，Erica是一邊經營咖啡店，一邊慢慢地把二樓空間整理成民宿，最後決定將咖啡廳收了，把上下層樓都改成住宿空間，專心做民宿。

分段式經營改造民宿

芭蕉院子的老屋改造沒有所謂的整修期，也不知道從哪一天開始算，當初純粹是有多餘的空間，那就改造成房間兼做民宿，某天Erica突然不想經營咖啡店，就把一樓也變做民宿空間吧！

開始經營民宿，幸運的是人在國外的房東給她很大的空間，關於房子的改變或結構變更，都任其自在更動，這也讓民宿在經營或維修上方便許多。

把民宿當作是自己的私人展示、表演的空間

Erica熱愛旅遊、創作和老物，常去很多地方蒐集各種紀念品回來，親朋好友也會送Erica各類物品，所以在芭蕉院子裡可以看到Erica的畫作、親手做藝術品、撿回來的告示牌、來自尼泊爾的花布、歐洲的花朵盒子、印度果核、朋友手工做的磁磚、佛朗明哥表演、印度風情的音樂會、原住民的音樂演奏會……等，芭蕉院子儼然像是Erica的異想空間。

1.二樓房間「慢吞吞的落羽松」，床前的銀色網狀物是之前房東留下的藝術裝置；床邊的窗戶則封起來改成櫃子／**2.**Erica的父親出國旅遊從印度帶回來的小箱子，可當展示品放在民宿裡當裝飾／**3.**Erica覺得每樣東西都有感情，民宿就像是經營者另類的收藏展示空間。尼泊爾旅行時買的花布，讓Erica回想當時旅行時的美好／**4.**「鳥窩」房的其中一隻小鳥，也是民宿主人親手製作／**5.**從孔洞看出去的小鳥剪影，Erica是親手創作的。

Before & After 老屋改造全記錄 │ 工程篇

1 建築結構＋格局＋建材
依循老屋原有風格整修設計, 就不會費時、費工

　　在改造民宿的過程中，Erica認為依照老屋本身的風格去設計，就是最省力、有效率的方式，因為常常自己腦海中想像嚮往的風格，在現實中總會遇到無法執行的局面，如此一來，除了自己被搞得非常累，執行時間也可能因此拖長或產生經費不足等狀況。

　　原有的硬體若可以用就不要再費力去改造它，再利用加法原則，用巧思做些補強，讓房屋自己說故事吧！芭蕉院子曾經做過Pub和咖啡廳，改成民宿後，格局和硬體部分都沒有做太大的更動，所以住在裡面都還可以看到之前Pub的燈光效果、享受高音質音響……，就像住在咖啡館內，是種另類的非凡體驗。

1.芭蕉院子之前曾是Pub，原有的辦公室本身便很有氣氛，例如：投射燈、大片玻璃……等，因此整體格局便維持本來的樣貌／**2.**用布做隔間，既彈性又平價，布樣風格也多樣，可搭配不同季節或風格做多元搭配，例如：白布隱約可看到室外的燈光透進來，造成一種朦朧美／**3.**二樓獨立動線的閘門，若二樓沒使用時就會上鎖。

巧妙利用樓梯門，機動調整住宿空間

芭蕉院子原本為一棟二層樓的咖啡廳，所以屋內留有一道通往二樓的樓梯，Erica在改建民宿後並沒有把它打掉，只是聰明地加上一道門，就讓兩層樓的空間在需要時關上門，獨立開來使用。

因此，一樓和二樓為各自獨立的房間，每間客房都有專屬的衛浴、交誼廳和院子，還有各自獨立的行走動線，樓上、樓下互不干擾，因此兩組完全不同的客人也可以自在地住在同棟房子內；若有客人需要包棟過夜，就把連接上下層的門打開即可，是一個非常棒的做法。

布材多用途，可當活動隔簾、燈飾、裝飾

過去為商業空間的芭蕉院子，穿透視野非常好，幾乎沒什麼隔間，一眼就可一覽無遺地看透整層樓，Erica利用簡單的布和日式拉門隔出隱密私人空間。

而「布」在芭蕉院子經常可以看到，除了一般遮蔽功能外，也當作活動隔間的拉簾；當一樓的兩張雙人床想要保有較隱私的空間時，就把拉簾拉上。最特別的是布做成的燈飾，用布纏繞在燈上面，並自然地把布垂掛下來，開燈時燈光會顯得柔和，有種悠閒隨性的自然風味。

1

配色 + 燈光 + 木材 + 植栽

用色塊、顏色搭配和可移動的裝飾來營造氣氛

　　若保持固定硬體不變動，又要營造特殊的風格和氣氛，可以用家具物品的搭配或大面積的牆面顏色來呈現。顏色搭配的原則是不要用太鮮艷、跳Tone的色調，以維持整體感。

　　芭蕉院子的一樓是屬於比較暖色系的格調，因此燈光選用黃光為主，並用許多木頭自然色做烘襯，例如：漂流木和藤編椅子的淡咖啡色、木門的木頭色、門框的咖啡色油漆……等；牆面油漆也盡量選擇能夠給人舒服感受的顏色。

　　在二樓「慢吞吞的落羽松」的交誼空間往外看去，可以看到一大片綠意，交誼廳的牆面就漆成淡綠色，是一種混合了白色和橘黃色在內的綠，雖然看不出加了暖色系，但無形中仍給人柔順的感受。幾乎芭蕉院子的每一面牆，都做了這樣的混色，這是在色彩學上有一定的認識和研究，才可能知道的學問呢！

舊材雖然取得容易,但處理上卻浪費太多心力

　　許多老屋民宿的裝飾或家具常會挑選舊木頭當作改造建材,但舊木材雖然取得便宜,卻可能隱藏舊釘子或蛀蟲在其中,必須重新處理才能使用,例如:防腐處理、刨光、磨砂整平、上色⋯⋯等工序,會花上幾乎是比新木材多三倍的時間來處理,一般木工師傅反而不喜歡碰,這當然也會反應在成本上,不一定比新木材划算。

　　另外,舊木材也因為使用過,會有一些無法消除的痕跡,例如:變形、缺角、凹洞⋯⋯等,若對於美觀或精細程度要求較嚴苛的話,建議直接改用新木材就好。

隨心調整燈光,營造各種風格,吸引客源

　　芭蕉院子幾乎沒有什麼大燈,每一盞燈不管是裝飾、明暗度或燈光顏色都有各自的風味,這也讓人感覺很像一場「光之饗宴」,可以隨心情調整燈源數量,當不同的燈點亮時,光與光之間的堆疊和明暗又都不一樣,所營造的氛圍也不盡相同,從外面看進室內則是異常唯美有氣氛,讓人忍不住駐足產生好奇,想一探究竟。

1.這兩個家具也是從舊貨行收集而來,具古早味特色/2.二樓的庭院也被許多不同植物所包圍,透過不同種植物的葉子大小、顏色和高度做出多種變化/3.各類植物盆栽有大有小,生長出來的葉子樣貌也不同,增加綠化豐富性/4.這個桌椅組是Erica自己DIY做的,桌面原先是一扇門,椅子上面則有雕刻花紋,是民宿主人從雕刻師傅練習後廢棄的木頭中收集來的。

選擇好種、不易落葉的植栽,減少維護成本

芭蕉院子就是屋子旁有兩株芭蕉樹有院子的小屋, Erica喜歡被綠意包圍的感覺,所以屋子外圍的綠色植物幾乎種得滿滿的。Erica選擇以不太會落葉的喬木為主,而且是只要澆水就可以養活的植物,這樣就不用一直掃落葉。

另外,想讓顏色更多變也不一定要選開花植物,因為顏色的豐富度可以靠葉子的多彩顏色去達到,例如有些一到秋天葉子就會變色的植物,或顏色深淺不同的綠葉植物,一樣可以讓院子有繽紛多彩的感覺。

手作、表演、下廚,省錢自己來

Erica本身就是多才多藝,也喜歡動手自己做,除了可以讓民宿更為生動活潑有看頭,同時也可以省下不少錢。進入芭蕉院子的空間,放眼望去可以看到許多平常在別處看不見的奇異作品,除了前屋主留下來的創作,很多都出自於Erica之手。因此,芭蕉院子藏著 Erica許多空間搭配和巧思。

紙作

一樓房間名為「鳥窩」,所以有很多鳥的裝飾散布在一樓房間不經意的角落等人發現,這些鳥兒剪紙都是民宿主人自己手做出來的。

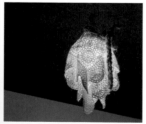

布料

Erica用布所做的創意燈飾,不僅個個獨一無二,也讓燈光更柔和,散發出的光線也較為多變。

撿拾

利用撿回來的漂流木所做的裝置藝術,經過清洗、打磨、染色的工序做出隔間的感覺效果。

客房沒有太多木板隔間，所以消防安全也較少有問題。

施工小叮嚀
要省錢，就要知道怎麼撿到好東西

得到免費的家具裝飾途徑有很多：

1. 從親朋好友處，收集被淘汰的二手物件。
2. 在住家附近走走，遇到有人在整修時，就有許多廢棄物，可以去挑挑看有什麼好貨。
3. 舊貨行是挖寶的好地方，可以用較便宜的價格買到還具功能的物品。
4. 海邊是撿漂流木的好地方，尤其是颱風天過後，建議最好帶著推車、手套或鋸子等工具一同前往。

避免邊想邊做，才不會造成金錢和人力的浪費

有時民宿主人的想法沒有在改建前就釐清，就容易邊想邊做，結果因為做不好而拆掉；或是原先想走的裝潢風格，因為要大幅度改造，難以實現，只好重新調整計畫，這中間的修改時間和麻煩就會相對增加，造成時間和金錢的浪費，也不容易找到願意接案的工班。

選擇長租的老屋，能壓低租屋成本

如果是租老屋開民宿的話，建議要仔細算過投資報酬率，再回推簽約年限，當然愈長愈好，一般來說最好超過十年會較佳。

建議可以用雙贏的合作方式，即是與屋主一同合作改造老屋，由於願意簽到五年以上長租約的房東，通常屬於長期閒置的房子，當你租下來翻新改造時，不但幫屋主整理老屋、顧房子，也一圓自己的民宿之夢。可試著說服房東提供長期租金優惠，一同創造雙贏局面；有時屋主還滿樂意接受的。

民宿創業企劃書

總金額	70萬元(不包含每月房租)
房間數	2間
建物性質	超過40年的社區民宅
各項費用	外觀硬體21萬元、內部裝潢35萬元、軟體14萬元
每年維護成本/項目	3.5萬　包含人事(清潔)、水電 硬體更新
旺季月份	全年

選址階段

1 開民宿選擇自有宅,較能發揮自己的想法

租屋開民宿時有些房東因為剛好在國外或不缺房子使用,願意讓你任意更動房子的可能性就會高一些。即使如此,改造成本要謹慎考量,例如:無法回本、整理太好而被房東收回自用或高價轉賣……等,所以還是以自用屋做民宿較好。

改造階段

1 分段改造雖不一定省錢,卻可減少資金壓力

芭蕉院子是從咖啡廳一步步逐漸走向全棟民宿的經營模式。這樣的分段改造其實不但費時,也不一定能省錢,但對創業資金不多的民宿經營者而言,在改造過程中能有融資持續投入,不失為一個降低金錢壓力的作法。

2 自己DIY是最省錢的方式

自己動手做除了是興趣,也讓民宿更生動活潑,最主要是也可省下不少錢。要不然就是要會撿東西,有些不錯的家具裝飾不用花半毛錢就可以得到。

3 若講求精美度,建議採用新材

舊木頭雖然取得便宜,但通常都需要重新處理才能使用,所以不一定比新木頭划算。且舊木頭會有一些使用過的痕跡,若對於美觀或精細程度要求較嚴苛,建議直接使用新木材。

4 順著房子本身風格設計,別想太多

依照老屋本身的風格去設計就是最省力、有效率的方式,不要執著自己腦海中美好的畫面,利用加法原則,加上巧思做補強,就能創造自己最喜愛的民宿。

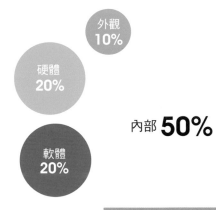

外觀
10%

硬體
20%

內部 **50%**

軟體
20%

工程預算分配比例

經營維護

1 植物可用葉子顏色做變化，不一定要選擇開花植物

很多人想在房子周圍綠化，讓環境住起來更舒服，建議可以選擇澆水就養得活的植物，並利用葉子的多彩、顏色層次的不同，就可達到庭園的色彩豐富度了。

特殊服務

2 位於多雨地區，可準備桌遊讓客人打發時間

若是民宿位於氣候多雨的城市，如九份、宜蘭……等，為了怕客人在下雨天待在室內無聊，在民宿準備CD、DVD租借、桌上遊戲和書籍免費交換、閱覽，就可解決客人沒事可做的問題。

5 用色塊和可移動的裝飾品營造民宿的特有氣氛

可以選用家具物品的搭配，或牆面大面積的油漆顏色營造氣氛，在顏色選擇上不要用太跳tone，以維持整體感，牆面油漆也盡量選擇使人舒服的顏色，會給人更加調和柔順的感受。

山中自住農舍
改造成
鄉村風情旅社

雨後的彩虹

人煙稀少的山裡，平靜安逸的景象，幾戶坐落在山谷中的田野農舍，其中一戶人家名字叫做
「雨後的彩虹」。這是一座民宿，喜歡安靜的民宿主人Mandy和家人養了一群狗，有著庭院
和田園美景的這裡，就是最適合生活的家；以一次一組的方式接待客人，希望將這樣的寧靜
小幸福分享出去。

老屋變民宿info

民宿主人 Mandy

老屋╳民宿　改造項目

結構鑑定工程
拆除工程
泥作工程
屋瓦修復工程
防水工程
電路管線重新配置
油漆工程
新增一間廁所
增加一組廚房設備
雞舍變涼亭
前庭院變停車場

開業時間	2009年6月
經營型態	自購
建築前身	民國65年前蓋的農舍
籌畫與施工時間	一年
地址	屏東縣滿州鄉橋頭路51號
電話	0982-766151
網址	http://rainbow.uukt.tw

恬靜女主人╳山谷中的田園美景

1. 位於墾丁山區，利用鄉村寧靜特色，營造樸素的田園的平房民宿。
2. 鎖定家庭型客人，不喜歡接年輕客群，不但與當地民宿經營做區隔，一次一組也維持服務品質。

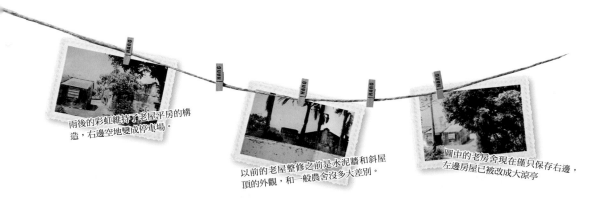

雨後的彩虹維持了老屋平房的構造，右邊空地變成停車場。

以前的老屋整修之前是水泥牆和斜屋頂的外觀，和一般農舍沒多大差別。

圖中的老房舍現在僅只保存右邊，左邊房屋已被改成大涼亭

老屋民宿的故事 | 為了狗，找個有院子的家

民宿主人Mandy是因為喜歡恆春，而與丈夫和兩隻狗從北部搬來定居，夫妻倆原本是住在鎮上，後來因為養狗的關係，想找個有院子的地方讓狗狗活動，而且自己也喜歡安靜，於是就往山區搬，會來到雨後的彩虹，也是看中有院子可以養狗。

這個愛狗家庭幾乎是隨狗的數量決定生活圈，一開始雨後的彩虹是Mandy的家，因為有多的房間於是把它拿來當民宿經營，隨著家中成員增多和狗的數目愈來愈多，Mandy一家人又更往山裡搬。

先備妥客人日常所需，主客各自保有私人空間

Mandy說她能夠兼顧家庭與民宿，人又可以不被民宿二十四小時綁住，靠的就是包棟式經營。將客人所需要的用具全都備妥，連廚房裡可能會使用到的鍋碗瓢盆都有提供，食材也準備好放在冰箱中，讓客人自己動手做，因此只需要check-in and out的時候出現即可。

會決定在此處定下來，是看好此地景色的未來潛力，能有星星和夕陽的好地方。

Before & After 老屋改造全記錄 │ 工程篇

原本的老屋沒有廚房，這整套鄉村風的廚具也是Mandy重新裝設，該有的鍋碗瓢盆一應俱全，連冰箱內都有將早餐的食材準備好了

建築結構 + 格局 + 建材

打通隔間，開放式空間讓客人更加舒適

　　雨後的彩虹老屋原本的隔間是閩南式三合院，只有一條走廊貫通所有的房間，空間都很狹小，為了使空間變大，Mandy將其中一面牆打掉；並為了穩固老屋結構而用H 型鋼（又稱H bin，是鋼骨建築的構件，也有老房子拿他來加強結構支撐。）做加強，讓客廳和廚房變成相通的開放式空間，再將多餘的空間做成穿透式櫃子，讓空間再利用。

雞舍變涼亭、前庭院變停車場，閒置空間再利用

　　老屋很多地方功能性不再，卻是很好的改造基礎。原來的雞舍位於稻田美景第一排，所以將它改成涼亭；而考量到雨後的彩虹沒有任何大眾運輸可到，客人只能自行駕車前往，所以停車場相對重要，所以狗狗散步的前庭院，被改成民宿的停車場。

打掉的牆利用多餘空間做了穿透式的書櫃，增加置物空間，且這面牆很厚，光是打這面牆花了兩個師傅一整天的時間。

2 屋頂＋室外木片
用高品質的護木漆，加強鄉村風小木屋的室外木片保存

雨後的彩虹走的是鄉村風，連室外都用木片一片片固定成牆，「鄉村」得非常徹底，但最大問題是木頭的保存，木頭在室外經過風吹日曬雨淋，損毀率極高，但Mandy家的室外木片都還維持得不錯。其祕訣就是使用護木環保漆。所謂一分錢一分貨，Mandy用的Osmo牌護木環保漆無色無味，一罐要價七、八千元，還可以看到木頭的原色，保護效果特別好，因此大力推薦。

用矽酸蓋板強化屋頂的防水和隔音、隔熱

雨後的彩虹因為防水因素而換成琉璃鋼瓦的屋頂，但缺點是下雨產生的聲響很吵，所以Mandy又特別在屋頂加了一層矽酸蓋板當作隔音、隔熱的功能，等於是屋頂防水、隔音、隔熱、防火的功能一應俱全。

1.Mandy視雨後的彩虹為家來經營民宿，認為家裡要有木頭比較溫暖／2.廁所也要有木質溫暖感，所以舖上木紋磚做效果，不會真正有木頭怕水的問題。

如何避開「奧客」的小妙招

許多人都怕遇上開趴年輕「奧客」，因為這種租民宿開趴的客人，通常都不太珍惜設備，在玩樂過後民宿的狀況只能用淒慘兩字來形容。因此，Mandy用幾個訣竅來避開這樣的玩樂族群：

1. 民宿開在離大街遠一些，愛玩樂的年輕人較少，因為交通對他們而言會是個問題。
2. 以家庭客人為主打，好處是家庭類的客人通常比較有同理心，會幫忙收拾並維護民宿的整潔。
3. 從電話中的聲音和問話辨別，如果有問到民宿主人會不會跟他們一起住，遇到這種問題就要小心了。
4. 以押金的方式提醒客人某些行為必須節制，對於吸菸者、吃檳榔者也要特別提醒多次。

1

施工小叮嚀

3 只要事先做好功課，申請民宿執照其實沒有想像中困難

　　Mandy一開始覺得申請民宿的手續應該很困難，因為這間老屋沒有建照，只知道是民國六十五年蓋的，所以就要想辦法去找到相關資料，證明這間屋子在當時就存在，並且是在建蔽率沒變的情況下申請民宿執照，後來是找到民國六十五年前的空照圖以資證明，跑流程大約三個月民宿執照就下來了。

民宿簡單就好，小東西不要太多，加快清潔整理

　　經營民宿到現在，所有的民宿清掃工作和訂房事宜都由Mandy一手包辦，尤其是裝飾的小東西，能少盡量少，因為清掃起來真的很累人，如果有要經營民宿，絕對會走好整理的風格，以最少的東西滿足客人的需求，加速清潔速度。

工班難請，請相關經驗的親友來幫忙

　　在恆春的鄉下，請工班也是個大問題，因為要上班，所以Mandy與工班的時間又更難喬，於是整建一年多，都是下了班之後才自己做，時常都工作到半夜十二點，所幸公公是泥作師傅，帶了他的工班團隊下來幫忙，解決了非自己所能的部分。

1.房間採光充足，東西盡量都以簡單為原則／2.壁爐上面掛有家人和風景照，增添溫馨氣氛／3.公公是泥作師傅，全家人一起合作把這個壁爐裝飾給完成。首先是Mandy畫出設計草稿圖，老工做支架，公公幫忙泥作和貼磚才大功告成。／4.兩人房，必要時可擴充到四人房，採粉紅色系的鄉村少女風，很受女生歡迎。

民宿創業企劃書

總金額	450萬元
房間數	3間
各項費用	外觀硬體68萬、內部裝潢68萬、軟體14萬
每年維護成本/項目	約10萬（包含外觀維護、硬體維修、消耗品）
旺季月份	6～9月

※購屋成本會依當地市價和時間與時機點而有所不同

選址階段

1 民宿地點觀光潛力是選址的重大關鍵

景觀美、視野開闊，對許多客人來說是選民宿的重點，所以有庭院的家是雨後的彩虹選址第一考量。就算屋子一開始看起來多破舊都不重要，地點的位置潛力才重要。其他如：景色、附近景點、交通……等，也都可做為考量。

2 清楚民宿法規，找出空照圖證明農舍改建

農舍有無改建需找相關資料證明，其在民國八十九年法令頒布前就已存在，且建蔽率沒變（沒有違建加蓋）的情況下申請民宿，可以找相關的空照圖以茲證明。

改造階段

1 改造風格有時必須參考市場喜好，才能受到青睞

挑選民宿和決定民宿的旅遊者多是女性負責，所以風格上做女性比較喜歡的風格是有道理的，例如：公主風、鄉村風、古典風……等。

2 木材防護漆最好挑品質佳的，效果才持久

木材在室外經過風吹日曬雨淋，損毀率極高，所以護木漆就要用得好。推薦Osmo牌護木環保漆無色無味，保護效果特別好。

3 依據環境氣候，強化屋頂的隔音、隔熱

用琉璃鋼瓦的屋頂最怕下雨時的隔音問題，且由於位在天氣炎熱的墾丁，隔熱效果也不如真正的瓦片，所以為了讓屋頂的隔音和隔熱效果加強，可在屋頂加一層矽酸蓋板當作隔音、隔熱，同時又兼具防火功能。

4 民宿簡單就好，小東西不要太多

裝飾的小東西，能少盡量少，增加整理房間的速度和方便性，也不會讓房間的風格來雜亂無章。

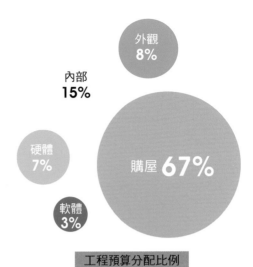

工程預算分配比例

經營維護

1 房子的定位一開始就要想好

注意，是房子的定位，不是民宿的定位喔。先將房
子的用途定位好，把這裡想成退休後會住的地方，
以一個家的方式在經營，定位成我家分享給你住，
所砸下去的金錢，就不會覺得太心疼。

法拍屋大改造
**主題式
青年旅館**

背包監獄

一棟刷得亮白的兩層樓老屋，上面有數幅知名街頭塗鴉藝術家Candy Bird的趣味創作，讓整棟老屋與週遭房子格外不同。以背包客為主的監獄主題青年旅館，坐落於依山傍海的美麗都蘭——一個東台灣外國人最密集的小鎮。整個小鎮渡假放鬆的悠閒氣氛無所不在，雖沒有鐵路經過，交通不是夠便捷，依然是許多背包客的私家拜訪景點之一。

老屋變民宿info

民宿主人 凱傑

老屋×民宿　改造項目一覽表

結構鑑定工程
拆除工程
泥作工程
屋瓦修復工程
防水工程
電路管線重新配置工程
油漆工程

開業時間	2011年10月
經營型態	自購
建築前身	民國70幾年的房子，20幾年沒人住、宛如廢墟的民宅
籌畫與施工時間	一年
地址	台東縣東河鄉都蘭村225-6號
電話	0910-111412
網址	http://jailhouse.pixnet.net/blog

愛旅遊的青年×特色主題的背包民宿

1. 以在地觀光型態和特殊背景，發展出不同一般民宿的經營形態。

2. 用本地監獄為主題包裝，好處是不但改造成本減少，也吸引喜歡搞怪的年輕客群。

屋外的陽台地板有復古的花磚

磁磚上油漆很容易剝落，露出原本磁磚的顏色。

背包監獄的前身是透天法拍屋。

老屋民宿的故事 | 旅行中的偶然決定

民宿主人凱傑喜歡旅行,有豐富的國外背包旅行經驗。在一次到都蘭旅遊之後,覺得這裡很適合生活,於是2010年與老婆一起搬到都蘭定居,經營以背包客為主的「背包狗民宿」大受歡迎,後來又再開第二間民宿「背包監獄」。

一開始,家人、朋友們都反對要跑到那麼遠的地方。最後也因為住慣了都蘭,非常融入當地的生活步調,如今偶爾回都會區時,反而會覺得人多不適應呢!

以當地歷史為設計主題最容易入手

為什麼會是監獄主題?凱傑因為有經營背包狗的經驗,知道特色對於民宿很重要,於是在規劃初期就將主題發展納入考量,他觀察了一陣子,發現台東地區的觀光客很多會去綠島,而綠島最有名的就是「綠島監獄」,而且台東也是全台監獄密度最高

的地方,因此便決定把這個拿來當主題,並且融入了許多背獄元素在裡面,加深客人的記憶,成為旅行中難忘的回憶。

透過法拍便宜得手的透天老屋

背包監獄的前身是一棟法拍屋。像都蘭這樣的地方小鎮,通常一有法拍屋,鄰里都會知道,所以這方面的資訊很多都是靠口耳相傳,再來就是法院的法拍屋公告查詢網頁,瀏覽法拍的詳細內容,若可以撿到流標好幾次的,價格就會愈便宜。

凱傑就是因此而找到背包監獄這間老屋,一開始老屋的狀況很糟,磁磚都被撬起,二十幾年沒人住的房子形同廢墟,隔間也殘破不堪,根本沒辦法住人,流標了很多次都沒人要買,因此凱傑以一百萬低價就購入老屋,算是非常幸運,以現在都蘭的行情來看,已經不可能會有那麼便宜的房子了。

1

法拍屋買賣的注意事項

1. **資金準備充裕**：法拍屋是以現金交易，要在拍定後七天完成款項繳清，所以連同利息在內的資金都需準備妥當。

2. **是否有第三者具有優先購買權**：若有，則就算得標也是無效。

3. **是否有產權移轉限制**：在特殊用地上，例如：國宅、工業用地、農地……等，買者必須符合國家產權購買資格才可投標。

4. **查看物件是否與第三方有租賃關係**：若有，而且執行法院又未排除第三方的租賃關係，則得標人必須繼續租賃給第三方至期滿為止。這時，也必須特別注意原屋主是否利用租賃契約，造成拍賣後仍合法佔用的情形。

5. **查看法拍屋現場**：要買房子當然要了解標的物的房況，且法拍屋本身如果有任何破損或嚴重毀壞，買方都得概括承受，不能要求原屋主補償，因此親赴現場勘查是必要的。

1. Candy Bird的塗鴉用活潑的漫畫手法，畫出監獄中失去自由的哀傷和與朋友分離的不捨／**2.** 背包監獄圍牆上都是Candy Bird以監獄為主題描繪出來的塗鴉創作。

利用知名街頭彩繪家的畫作，加深民宿特殊性

　　背包監獄牆上幽默詼諧的卡通獄友圖案彩繪，讓空間變得更生動活潑，此圖畫的作者是台灣著名街頭藝術創作者Candy Bird，他的作品在都會區的街道角落與城市的廢墟中經常可以看見。背包監獄之所以會有Candy Bird的彩繪牆，是因為Candy Bird來都蘭玩，與凱傑認識之後，凱傑特地請他在民宿的牆上作畫的。

Before & After 老屋改造全記錄 │ 工程篇

1 建築結構 + 格局 + 建材
老屋改造的速成法：上新漆

　　如果要說最快速又最省錢的老屋變新屋方式，就是整棟房子粉刷新漆了。背包監獄的外牆連同磁磚都塗上整面的白漆，非常醒目；而室內牆壁和地板，凱傑也盡量都用油漆處理，且監獄不也都是白色的嗎？但白牆唯一的缺點就是一有髒汙就很明顯，所以要定期刷白，才能維持好看的外表。

打掉所有舊隔間，改以背包客為主客群的上下舖客房

　　就和其他老屋改造問題一樣，原本的隔間與需求總是不符，於是凱傑將原有隔間全部打掉，重新規劃動線及隔間；於是背包監獄的二樓隔間就從原有

1.院子還有一個野餐桌子可以讓人放鬆，很像監獄的放風區，也是客人們喜歡逗留的地方／**2.**二樓配合監獄主題，以黑白交錯的地板呈現／**3.**讓房客可以自己煮東西來吃的自助廚房。

的兩間變為三間。

　　由於背包監獄本來就是定位為Hostel的背包客棧，因此獨身旅行的客人占比較多，考量到有些人不希望一個房間住太多人，所以凱傑將其中兩間客房規劃成背包客棧常見的「Dormitory Room」——以賣床位為主的上下舖，一間兩人房，一間六人房。不過，為了配合希望保留夫妻、情侶、親友……等私人空間的客人，第三間客房便規畫成有張雙人床的兩人房。

以空曠的天台空間及客廳，讓客人放鬆交流

　　背包監獄一樓設有餐廳、廚房和客廳，可以讓客人自己料理食物來吃，也可以在客廳沙發上坐著和大家聊天，這裡是和其他陌生的住客彼此交流的地方；但住在這裡的客人卻一致公認背包監獄中最舒服的地方是頂樓。

　　空蕩蕩的頂樓就像音樂MV在天台唱歌的樂團歌手拍攝場景一樣，沒有什麼東西，很適合拿瓶啤酒上來乘涼，感受被前方海景和後方山景的宜人自在感。

② 特色營造 + 地板顏色

在房間、彩繪、用品、細節上，營造背包青年喜愛的搞怪風

為了營造監獄特色，民宿在許多地方下了功夫，如check-in時的入獄臉盆和獄友制服、獄友記錄照相牆、今日獄友公告欄……等。在建築上，特別請鐵工師傅將鐵窗做成有監獄感的直條黑色鐵柱；庭院圍牆網子上方留有尖頭未收邊，帶出監獄防止獄友逃跑的意象；讓客人不單純只是來住宿，而是來體驗有趣的監獄住宿經驗。

用地板大面積的彩度，增加空間活力

監獄主要的色調就是黑與白，略顯單調，但畢竟還是一個住宿空間，凱傑希望加點活潑的設計在裡面，於是就利用地板大面積的色塊，漆上較溫暖熱情的顏色，使整個空間更有精神，更可以感受到跳脫的生命活力。

1.地板也被凱傑漆上亮黃色，與牆上的塗鴉顏色互相呼應，使整個空間更為年輕活潑／2.每個房客入住時都會收到入獄臉盆，就像監獄犯人住宿時的手續一樣，還有提供仿囚衣的T-shirt給客人穿／3.背包監獄內有一面給客人拍照留念的牆，仿造罪犯拍攝檔案記錄的橫線，讓人過過角色扮演的癮／4.為了營造監獄感，廚房用的杯子和碗也都使用鋼杯、鐵碗。

3　施工小叮嚀
與工班師傅的溝通須清楚明白，否則容易打掉重來

買下這間房屋後，凱傑利用工作之餘的時間整理內部和上漆工程全都自己來，花費的時間雖然比較長，但也省下不少錢；不過，專業的水電、隔間……等，還是需要專業的工班。

凱傑之前全無施工背景，沒經驗也沒錢，對這方面領域完全不熟，很容易陷入與工班說不清、講不通的窘境，於是一再嘗試後總算理出彼此溝通的模式。即先互相就各自的想法做溝通，彼此理解認同後再進行可行性上的討論，確認沒問題就請對方報價，再衡量自己的預算成本，這種事常常都會卡在價格談不攏，各種情形都會發生，所以急不得。

另一個問題是卡在找不到人，因為台東不是一個有錢就可以請到工人的地方，缺工非常嚴重，工人通常都要同一區接個二至三件才願意下來一趟，所以事先規劃協調很重要。

民宿創業企劃書

總金額	100萬元
房間數	4間
建物性質	民國70幾年的房子，20幾年沒人住、宛如廢墟的民宅
各項費用	外部硬體58萬、內部裝潢37萬、軟體5萬
每年維護成本/項目	2.5萬(包含內外牆面整修、零件更換)
旺季月份	1、2、6、7、8、9月

※購屋成本會依當地市價和時間與時機點而有所不同

選址階段

1 客房定位要觀察主要客群的經濟力

以老屋為主打的民宿已經很多了，要如何做出特色需要市場觀察，建議可以先找到老屋後，再依所在地去思考要如何發展特色定位。例如：都蘭是東部地區外國觀光客最密集的地方，而且族群以背包客佔多數，所以此地的民宿會以背包客的市場走向為主。

2 買法拍屋一定要選擇有法官來點交的案件

買法拍屋最好選擇「點交屋」，即為有法官來點交的案件會比較有法律上的保障，也較有強制執行力，尤其對第一次購買法拍屋的人來說更是如此，可以省掉不少麻煩。

3 買現成老屋要注意違建和土地合法性

買前若要做民宿則必須在找房子的時候就注意土地和建物的合法性，並且最好看權狀有幾坪，不要單看大小，不然容易把違建都算進去，只要一有違建，申請民宿時是絕對不可能過的。

改造階段

1 預算不足的人可以分段施工，有錢才做

卡在金錢沒那麼充裕，所以買下房子後，一開始就沒有設定施工的總預算，等有錢了才一部分、一部分慢慢加上去，也因此施工期間拖得較久，但有較長時間仔細思考民宿定位和方向，對於經濟預算較緊的人也是一種值得參考的做法。

2 經費先做基礎建設，多餘的再考慮裝飾效果

房子整修一開始，基礎建設如：水電、地基、結構、防水……等工程要先做，等完工後再進行裝飾效果的建設工程，才能比較有效率地完成老屋的所有整建工程，避免拆掉又補，補好又拆的耗損性問題。

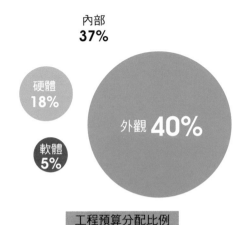

內部
37%

硬體
18%

外觀 **40%**

軟體
5%

工程預算分配比例

經營維護

1 整修老屋硬體時必須一次到位，才不會一再支出硬體維修費

房子結構、壁癌、漏水、裂縫都是老屋可能日後需要維修的一部分，有些是住久了才能看得出來，這種日久見真情的問題最好在解決時能一次做到位，基本工下足，就可避免往後的日子需要一直修補的麻煩和問題的擴散。

2 打工換宿，培養人力是重點

民宿主人其實很怕被民宿綁死，所以積極培養人才，用打工換宿或提供當地穩定的工作機會，都是不錯的方法，因為唯有培養一個好的民宿管家來幫忙，不然改變經營模式，例如只接受長住客，否則還是必須坐鎮民宿內。

3 未來的退休金需靠自己賺

民宿主人每天工作時間都很長，其實就跟自己創業是一樣的，要賺的不僅是自己的薪水，獲利還要將六十歲以後的退休金給加上去，等於是自己必須賺退休金，比一般職員的退休金還要辛苦。

祖宅大倉庫
變身
農村體驗營

莊稼熟了

民宿主人回鄉池上，種植有機米，將老屋改成民宿，讓人能夠與故鄉的土地更加親近。
身為農夫的民宿主人有著對熱片土地和家鄉的熱愛，
以及身為農夫的驕傲，堅持只做對的事，在推廣有機米的同時，
也讓更多人愛上池上這片美麗田園景致，迷上這裡的美好。

老屋變民宿info

民宿主人 魏文軒先生

老屋×民宿　改造項目

拆除工程
泥作工程
磚造工程
水電管線重新配置
新增廁所
二樓增建
栽種植物綠化環境
防颱裝置

開業時間	2007年7月
經營型態	自宅
建築前身	近百年歷史的祖宅
籌畫與施工時間	17個月
地址	台東縣池上鄉萬安村1鄰1-2號
電話	0936-865883
網址	http://wei6651.myweb.hinet.net

回鄉青年×感受田園風情首選

1. 強調人與鄉土的情感連結,提供農村生活體驗行程,讓客人對池上特色
更有感覺。
2. 利用室內設計長才,讓老屋民宿不只是有懷舊復古風,而有更多的現代
混搭風。
3. 用挑高閣樓設計,增加房間的坪效為六人房,可以彈性調整入住人數。

魏先生記憶中的兒時祖宅,
充滿花草綠樹。

整修改造時,
拆除了大門庭院。

維持老屋的主結構,
再增建內部設施。

老屋民宿的故事 | 一個不小心，大倉庫變民宿

莊稼熟了的前身是過去魏爺爺、魏奶奶住的地方，後來家族慢慢搬到西部去生活，池上老家也變成了一間擺雜物的倉庫，直到魏文軒回鄉後，將此處整理、設計成自己想住的房子。當房子整得差不多時，某天無意間接下一組臨時的遊客住宿，就這樣開始了民宿經營。

回鄉務農的初衷是為了讓孩子有美好童年

魏文軒決定回鄉種田時，長輩及朋友都會問他為什麼要回鄉；但池上是他從小長大的地方，兒時就是在田裡玩，希望自己的孩子也有美好的童年，了解農村生活，與故鄉的人、事、土地有所連結，所以文軒帶著家人回鄉經營農務。在池上的生活也很單純，平常小孩子寫完功課就在田野間玩耍，因為池上的「最高學府」只到國中，升上高中就一定要去外地，能在田邊玩耍的日子不多了。

靠觀察發現商機，再開二館吸納不同的客層

目前，文軒也經營另一間「鋤禾日好‧農事活動館」。池上的觀光客本來就多，他發現不管假日或平日、甚至晚上十點多，都有人拉著皮箱走在街上，問在地人哪裡可住、可玩些什麼，讓他發現了某種商機。

在一次湊巧的機緣下，他買下了一棟農舍，開始經營農事館，提供「池上農事體驗營」的觀光服務讓客人嘗試下田耕作、上山砍柴、照顧花園、忙完農事後於田裡用餐的體驗……等地生活的滋味。農事館經營的型態與莊稼熟了不同，屬於年輕深度旅遊的族群，獨身旅行的客人也較多；而莊稼熟了則屬於村莊型民宿較適合年長者結伴或家族出遊。

1

1.鋤禾日好‧農事活動館的一樓大廳，是可以吃特色米貝果、喝米咖啡的地方，還有旅遊相關資料可以參考／2.鋤禾日好‧農事活動館提供的短期農事居住空間雖然簡單，卻也很有風格，床也頂級的很／3.「莊稼熟了」是客語「鄉下地方」的諧音。店內放了許多古早柑仔店賣的器具、零食和飲料，讓客人可以回味童年，另外也為旅人準備咖啡吧／4.因為喜歡混搭風所以故意用黃牆配上紅地磚。

好吃的池上米怎麼來？

文軒的本業是農夫，種植有機米。他說池上米好吃的祕密，在於池上有特殊的火山岩泥，其礦物質增加了米的養分，加上池上的海拔高及地形關係，能降低土地的地表溫度，尤其每日清晨的兩點到四點間，會有一股山嵐吹來，加速農地冷卻。

另外，使用水質清澈的灌溉水和農民敬業的精神，池上好米也是不可或缺的元素，在池上每位農夫都為了可以種出好吃的米而覺得驕傲呢！

Before & After 老屋改造全記錄 │ 工程篇

建築結構 + 格局 + 建材
因爲漏水而蓋二樓, 有一半的空間是戶外露臺

　　莊稼熟了原本有屋頂漏水問題,於是在屋頂加蓋涼亭改善問題,並且希望加蓋後的空間能再利用,於是申請加建樓層,用以增加民宿房間數。在設計樓層時,特別空出一大塊戶外空間,讓客人可以自在地坐在寬敞的露臺乘涼,享受民宿前方綠油油的稻田和山景。

　　但室外空間變大,室內空間就會縮小,所以房間的樓板面積必須積極使用,就有了樓中樓的房型設計。

木頭會有蛀蟲或白蟻,都是因為接觸土壤,必須盡量避免

　　蓋二樓時,基本上就是有什麼材料就怎麼蓋,因

為文軒平常喜歡收藏，且都是挑有時代感的物件，尤其是木頭，除了別人拆屋的廢木頭外，朋友也會提供特別的物件，他都會再整理過，給予老物新生命。

此外，他對空間和建材特性比一般人敏銳，例如：木頭的特性是只要不跟泥土接觸就不容易壞，在設計上就避開此點，而大膽地做成室內裝飾或門框；而不像一般設計師，只執著於木頭保養這種小細節。

1.老屋延伸出去的部份，是個採光良好，空間寬敞的接待大廳。坐在前面的桌椅位置可以看到外面整片的庭園造景／2.閣樓面積小，不到兩坪，因此善用窗戶，利用整面窗頭的窗戶引室外的景色進來，讓人較感受房間小而精巧／3.文軒用現有手邊的材料，加上本身的建築長才，做成扶手造型特殊的旋轉梯／4.將收集到的許多老窗扇釘在一起，變成創意的特殊採光罩。

創意音箱 + 電路接法
② 用創意改造老灶成為多功能的吧枱音箱

老灶是老屋中不可或缺的設備,是農家的生活重心,意義深遠,因此文軒在改造老屋時,捨不得打掉,但後來發現灶剛好是一個凹槽,很適合做音箱,產生的共鳴效果很好,就成了現在民宿內既是共鳴音箱,也是個待客吧枱的角色。

讓電路線外露,可以隨時查看問題,同時形成另類設計

以前的電線桿都是用木頭做的,而且是「火線」和「地線」分開走,不像現在是兩條包在一起,因此以前的作法較不容易發生電線走火。文軒將傳統的電路走法用在莊稼熟了的管線設計,讓電線一有問題隨時看得到,維修方便,也增加電路的變動彈性,讓拉電線變成一種藝術創作。

1. 當架設這種電線時頭腦要很清楚，最好可以先畫個草圖出來，因為電器的位置都會影響電線拉設途徑，要計算過後燈和電線才會拉得美／**2.** 老屋本來就有這種橫織交縱的電線，現在幾乎已看不到，重現當時的電路擺設，是快速、省錢又漂亮的作法／**3.** 現在的屋子的電線都設在牆壁裡，維修不易，像這樣走明線，美觀又大方。

地線與火線

火線：

在電線中又稱為「活線（Live Wire）」接頭，指交流電流流通的電線，可將電源的交流電傳輸至電力設備。

地線：

又稱接地線，是幾乎與大地等電位的導線，由於對地電壓小，連接外殼後可以透過地線釋放電流到大地上，避免電擊或漏電的安全防範。

1

改建小叮嚀

3 **用鋼索固定木構造房舍，避免強颱損害**

　　莊稼熟了在加建的樓層中，用了大量木頭和鐵構，兩者剛好都最怕颱風的侵襲。為了加強牢固性，特別用三條鋼索沿著屋架繞過屋頂，在房子的左右兩邊與一樓房子的屋頂緊鎖固定，就像貨車牢牢綁住貨物一樣，把屋子固定在地面上，避免強颱造成影響。

有室內設計經驗，碰到作法不通時，直接帶著工班一起做

　　東部的工班難叫，因此有室內設計經驗的文軒一開始就決定部分自己動手做。但就算經驗豐富，在與工班溝通時也會碰到問題，解決之道就是帶著他們一起做，先把自己要的型式做出來，讓工人再照著他的方式和形狀去完成，而最後檢查的部分也都要自己來。

1.莊稼熟了大量使用到木頭和鐵構，最怕颱風的來襲／2.二樓共有這樣的屋架三組，都有用鋼索特別沿著屋架繞過屋頂緊鎖固定／3.屋內經常可發現民宿主人創意又簡單的裝置／4.這造型樓梯是和鐵工師傅，深夜拆解設計圖，變更材料，努力為現場爭取樓梯淨寬，展現他對材料接合與調配的靈活。

民宿創業企劃書

總金額	約280萬元
房間數	5間
建物性質	祖宅
主要花費	外觀硬體：196萬、內部裝潢：70萬、軟體：14萬
每年維護成本/項目	15萬(包含門窗耗損、油漆、防蟲、水電耗材、園藝材料、木料抽換)
旺季月份	6-8月暑假

選址階段

1 觀光勝地不管年輕背包客或家庭式出遊，都有住宿需求

池上觀光客多，尤其近來當地的田野風光和自行車道，又被金城武給炒紅，且常看到旅客們拉著行李箱在街上找住宿，所以當地是有住宿需求的。

2 池上米是當地的特色，結合農村體驗增加賣點

池上因為是台灣稻米最優秀的產地，所以農村景色保持良好，發展農村旅遊和當地稻米發展有一致的方向，從這方向設定選址與建物風格，才會契合當地環境，形成特色。

改造階段

1 客群如為家庭旅遊，房間設計可「做大用小」彈性調整

房間若空間有限，寧可把房間的住宿人數提升，尤其是瞄準家庭客群的民宿，最好能準備到六人左右的空間。如此一來，只要六人上下的人數都可入住。

2 老屋要延續傳統和注入新時代元素，才能吸引人

老屋建築印象中就是以紅磚、木頭與老物為基本元素，仍可以有現代的混搭風情，如：用色大膽、吊椅、曲線形欄杆、鋼構建築……等，在舊空間中注入新元素，會更有故事性。

3 借外景延伸到室內，讓小空間看起來變大了

若房間小，可以設置多或大一點窗戶，讓外面的美景透過窗戶延伸到室內，看起來空間就會大多了。

4 若有許多木頭建材，需要多安排時間加工

有些建材不容易取得，拿到後還要加以處理，例如當樑柱的木頭有長度、粗細的要求，必須精挑；木頭長蟲或有白蟻是因為直接接觸土壤沾染上的，有時得經防腐處理。所以需要時間和加工手續，因此要預留更多的時間。

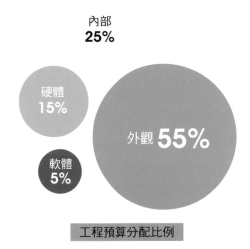

內部
25%

硬體
15%

外觀 **55%**

軟體
5%

工程預算分配比例

5 建材比設備更有省錢的空間

建材的挑選和使用可依不同級別做轉換，例如室外牆材質，木板的價格就比水泥板貴，所以可以用水泥板取代，透過不同材質轉換，材質成本更划算。但若是家具或備品設備，價格轉圜的空間不大。

6 房間的設備少用固定式家具，以增加調整空間的彈性

一般大飯店、旅館都採用固定式家具，減少整理維修的人力和費用，但固定式家具在空間調配上限制大，所以民宿房間家具和設備的設計上，建議選用可移動的物件，增加空間的調整彈性；但移動式家具容易損壞，維修更換的成本相對會提高。

經營維護

1 請客人先在網路上做功課，避免期望值和現實落差過大

有時入住的旅客不了解都市及鄉村環境的差異，如：田野晚間只有蟲鳴相伴，有些人會覺得吵；或門窗沒有裝設鐵窗，但有攝影保全……等。建議在客人來電訂房時，請客人先上網做好功課，知道農村的生活和環境，並以開放的旅行心情來享受農村。

Part 3

築起溫馨浪漫的美型民宿

講特色、顧細節，堅持真材實料變身頂級旅店

就算前身是幾十年前的老房子，
只要懂得抓好預算，運用巧思強調自身特色，
老屋新裝，不管接手的是三十年的海產店、鰻寮、農舍，
都能轉化為高級的豪華旅館，在老靈魂中打造出新風華。

Ample Villa

九份山頭的半山腰上，有著一棟白色的唯美建築，誰也沒想過，以前是間海產店，
如今搖身一變，成為屬於情侶間的浪漫約會祕境。
而且每間房間望出去都可以看到超級無敵山海景，並注入希臘女神的精神靈性於空間中，
與您一起讓心中的女神復活。

老屋變民宿info

民宿主人 Nina

老屋×民宿　改造項目

結構鑑定工程
拆除鐵皮屋及陽台工程
泥作工程
防水工程
電路管線重新配置工程
油漆工程
室內裝潢
一樓改造為餐廳

開業時間	2014年6月
經營型態	自購
建築前身	45年的老房子，原為阿珠海產店
籌畫與施工時間	約8個月
地址	新北市瑞芳區洞頂路155之9、10號
電話	02-24962345
網址	http://m.facebook.com/ample.villa

愛作夢的女主人×希臘女神浪漫風

1. 位於九份山腰靠海處，善用防風落地窗，讓每間客房都擁有奢華美麗的海景。
2. 鎖定情侶客群，用希臘建築風格、白色紗幔為設計主調，營造浪漫氣氛。
3. 保留部分海鮮餐廳空間，即時提供當地新鮮海產，讓人賓至如歸。

Ample Vill水湳洞前身是一棟老舊的海產店。

座落的位置靠山面海，周遭都是老房子。

老屋民宿的故事 | 一個聊出來的民宿夢

民宿主人夫妻倆以前就很喜歡九份，丈夫廖翌超又特別愛與人家聊天，在一次偶然的機會下，發現有人想出售房子，忽然想起之前去過的希臘，特別喜愛純白系的希臘風格建築，於是有了將房子改成民宿的想法。就在因緣際會下，把這間原為「阿珠海產店」——提供炒麵炒飯和卡拉OK的台式屋台餐廳，給改為了純白希臘風的民宿。

夫妻合作無間，老公買房、老婆裝潢

買下來後，夫妻倆合作無間，先生負責房子買賣和整修的相關事宜，妻子就負責室內裝潢。由於女主人Nina喜歡西方身心靈合一的哲學。因此，Ample Villa有較多女性精神的風格注入其中，以古希臘女神的名字與精神象徵，作為房間的設計，充滿了女主人的理想和憧憬。

以人脈當客群，用當代藝術品佈置民宿

夫妻倆的本業是在台北開畫廊，因此認識的朋友圈都是要求生活品質和享受的族群。在籌畫民宿時，基於分享給朋友的心情，將整體設計為頂級尊榮的世外桃源，所以愛交朋友的夫妻倆不僅可以用民宿作為朋友間交流的平台，還會三不五時就在一樓的餐廳辦藝文活動，作為另類的私人招待所，是一間兼作藝術展覽的民宿。

Ample Villa的每間客房都充滿了夢幻的女性氛圍，曾被莫文蔚MV選為拍攝場地。

1.偶然的閒聊讓海產老店變身成為一棟純白希臘風民宿／**2.**民宿主人的本業是經營畫廊，所以可以看到Ample Villa中擺放了許多美國藝術家Peter Woytuk之作品，這個栩栩如生的當代雕刻作品是其一／**3.**放在門廊上方的藝術品之一，在不經意的一瞥下就會發現它的存在／**4.**Ample Villa有許多當代雕刻作品被民宿主人拿來放在民宿中，此物件是美國藝術家Peter Woytuk之作品。

Before & After 老屋改造全記錄 | 工程篇

每個房間都有讓情侶看海景的小休憩區。

 建築結構 + 格局 + 建材
留下最簡單的建築結構，盡可能留住每一分美景

Ample Villa正好就在半山腰，離海岸線很近，是看無敵海景的絕佳位置，可以看到一望無際的大海，若不好好利用那就太可惜了。於是設計上刻意把會遮住景觀的陽台圍牆和牆壁都打掉，並用10mm雙面膠合玻璃來強化抗風效果，呈現絕佳視野，充分將房子的優勢突顯出來，讓每間房間都可以享受超大片的美景。

以共度甜蜜時光為客房主軸，主打愛侶客群

Ample Villa全都是雙人房，主打的是愛侶間放鬆享受的路線，房間內除了遼闊海景，令人流連不想出門。每間房間還有迷你酒吧和點心吧，可讓人在裡面享受兩人時光，且房間寬敞舒服，有類似小休憩區，情侶來到這裡根本就不想要走出房門，躲在房內甜甜蜜蜜地看著海景，才是最大的享受。

1

1.房間內最讓人感到興奮的就是吊椅,坐在上面好玩有趣又可賞景/**2.**Zara Home的裝飾配件,也正好凸顯Ample Villa想打造的海景。

② 風格裝飾+房間規劃+創造精神
靈感來自旅行,網路搜尋也是好幫手

Nina一開始只知道要把房子改成整棟白色,但是關於裡面的物品擺設和裝飾,卻不知道該從何開始下手,所以網路搜尋大神──google,就成了最好的靈感來源,只要用關鍵字搜尋,「白色風格」、「希臘風」……等相關字眼,就可以找到許多圖片做參考。

下一步就是找適合的裝飾物件,但是民宿房間數不多,所需物品通常數量不會多到可以和盤商談折

2

扣，也常常遇到商場陳列及庫存量不夠多而必須放棄。有友人建議上網購買，但Nina認為民宿用品以網購方式取得，沒有安全感，擔憂材質的好壞，所以建議採購還是要看到實體才行。

一樓維持原有的餐廳空間，讓客人享用最新鮮的海鮮料理

Ample Villa的一樓是一間無菜單海鮮料理餐廳。一般的民宿房間內都只有就寢功能，把休閒、娛樂、交誼……等有趣的活動和設施，都設在公共空間，但Ample Villa要把房間設計成讓人一進去就不想再出來；因此，一樓自然就不需要再多增加各式眼花撩亂的公共設施。

房間以希臘女神命名

Nina對於西方靈性議題有所探討，認為女生心中都住著一位女神，希望來住的客人都可以讓心目中的女神復活，所以房間都以女神的名字來命名。

房間內的裝飾也會與不同女神所代表的精神性有所連結，不僅如此，Nina相信精神力在萬物也是會有所影響，所以也會在擦地清潔時，一邊注入精神意念於房間中，如在整理愛之女神維納斯房間時，就會一邊打掃一邊將愛與美麗的意念注入到行動當中，希望住到此房間的房客也能感受到維納斯女神所帶來的祝福和意境。

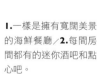

1.一樣是擁有寬闊美景的海鮮餐廳／**2.**每間房間都有的迷你酒吧和點心吧。

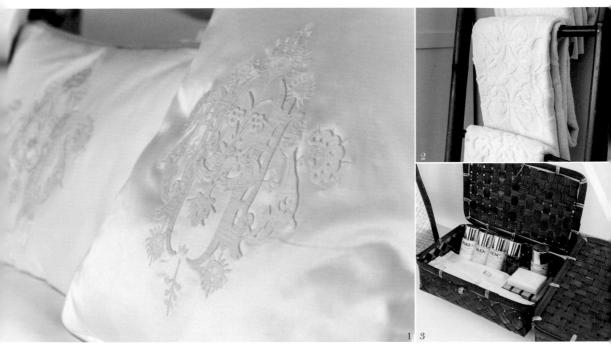

1.純白系列的枕頭和抱枕是英國名牌寢具／**2.**民宿主人Nina覺得毛巾和拖鞋等屬於個人衛生習慣的貼身物品，每組備品都讓客人使用過後就帶走，不會有衛生的疑慮／**3.**備品是民宿主人Nina喜歡用的牌子，來自義大利的PIKENZ。

 改建小叮嚀
3 備品挑選以客爲尊，用天然、舒適的產品

由於民宿的一切物品都是Nina自己親力親為、決定各種事物，秉持著「已所不欲，勿施於人」的心態。自己喜歡睡的英國牌子Slumberland（斯林百蘭）、喜歡喝義大利Piccini的紅酒和Louis Max紅酒，喜歡用天然、無毒、舒適的台灣有機棉的毛巾和拖鞋，房客都可以在這間民宿的空間找到喔！

凡事親力親為，過度天真會累了自己

一開始在Nina幻想中覺得開民宿很美好夢幻，可以交朋友，但開始之後才發現每樣東西都要親自看、親自試用，光找裝飾品、挑選備品，就很累人了，例如：浴袍哪個牌子、哪種設計樣式穿起來較方便？哪個牌子的牙刷比較好刷？咖啡更是要不停地試喝……等，找一樣物品就要試上好幾樣，還要考慮價格、數量及配合方式，比想像中還累。

民宿創業企劃書

總金額	550萬元
房間數	4間
建物性質	45年的老房子,原為阿珠海產店
各項費用	外觀硬體451萬、內部裝潢66萬、軟體33萬
每年維護成本/項目	6萬
旺季月份	5～8月及年節

※購屋成本會依當地市價和時間與時機點而有所不同

選址階段

1 在風景特定管理區內,省下不少時間和麻煩

Ample Villa的水湳洞地區為瑞芳風景特定區,歸屬新北市府級的風景管理區,不可申請新建照,基於法規考量,運用老房子改造修繕,會比在當地買地蓋房子相對容易很多。

改造階段

1 老屋改造需要配合當地氣候,請當地工班可得到實用的建議

老屋改造需要了解當地氣候、每年雨量和日照方向,來調整、規劃房間動線和設計。因為氣候關係,請在地工班會較了解當地施工條件和給予實用的建議,也可以就近解決施工產生的問題,提供當地人工作機會、加惠街坊。

2 改造前相關法規、施工技巧……等,需多做功課,任何小細節都不可放過

事前最好查閱相關法規,拜訪地方政府了解當地民宿營業或在地管理事宜、請建築師查看結構、找代書處理土地法規、測量;每一個細節都是大學問,向各方專家詢問、上網找資料……等,盡善盡美地完成民宿的改造,這些是省不得的步驟。

3 靠海地區使用鐵建材,可換成316不鏽鋼避免鏽蝕

靠海邊容易有鋼筋鏽蝕的問題,可以將一般的鋼筋換成不鏽鋼,且一定要用「316」這種不鏽鋼,否則常容易產生鏽蝕,危及建築安全,同時也影響民宿的美觀。

(316不鏽鋼:加入部分稀有金屬元素在內,含:16%~18% 鉻、10%~14% 鎳、2% - 3% 鉬, 這些添加的金屬元素均可抗腐蝕;鉻加入合金中可提高其強度和耐腐蝕,鎳可有高亮度、能抗腐蝕功能,鉬也能改善其抗蝕性;是上等的不銹鋼,所以價格也偏高。)

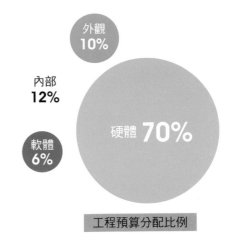

外觀
10%

內部
12%

軟體
6%

硬體 **70%**

工程預算分配比例

經營維護

1 民宿經營時，一定要將交通和停車要考慮進去

民宿最好有附停車位可以方便開車的客人，若附近剛好有公共設施，通常這類單位都會規劃停車位，可以方便客人停車；另外，針對沒有交通工具的自助旅行客人，附近也要有公車站或捷運可搭車。

2 善用地利之便，住房包精緻晚餐，讓客人有頂級服務的感受

由於Ample Villa附近沒什麼店家，吃東西不是很便利，再加上Ample Villa主打享受在民宿內的生活空間，有漁港和魚市場位在附近，於是就地利之便，提供海鮮特色的無菜單料理。

3 在維持浪漫風之餘，運用兩層較不透光的紗幔保護客人隱私

窗簾的紗幔材質選用白紗，是想創造出浪漫的氛圍；但為了維護客戶隱私所以窗簾有兩層：一層白紗、一層不透光白布，房客可以依照當下的心情做調整。

川田府邸

高速公路交流道旁的西螺大橋附近，有這麼一棟米色民宿聳立在稻田中，
讓人得以體驗住在田中央的滋味。午後近晚，微風輕徐，舒服地吹過，
引人坐上露臺聊天、吹風，看著田中央的西螺大橋，不禁讓人享受起回鄉的自在，
彷彿身心靈獲得解脫一般。

老屋變民宿info

民宿主人 廖大哥和宥菱姐

老屋×民宿　改造項目

拆除工程
泥作工程
防水工程
電路管線重新配置
油漆工程
綠化工程
將其中一邊橋體改建成民宿房間
餐廳與吧台區域重新整修
橋下拱門體的修築

開業時間	2013年5月
經營型態	自宅
建築前身	17年歷史的房子，前身是做為出租套房使用
籌畫與施工時間	約5年
地址	雲林縣西螺鎮市場南路5號
電話	05-5866466

回鄉創業的夫婦×西螺在地特色

1. 把地標當做建築特色，體驗住在西螺大橋裡感受。
2. 創造了讓客人能夠主動互相交流、認識的公共空間。

二樓大廳堆滿廢棄傢俱

未整理時的庭院雜草叢生

老屋民宿的故事 | 物流業做出民宿夢

—— 十年前原本想做物流業的廖大哥，買下這塊在高速公路交流道旁，大約是整條中山高中心點地段的土地。

他在這塊土地上蓋起了房子和「小西螺大橋」，從自用住家、租給別人做民宿、出租套房到現在自己經營民宿，不變的是那位於綠色稻田中，象徵西螺的紅色「西螺大橋」總是吸引過路客的目光，永遠那麼獨特亮眼。

結合在地各色的川田的「西螺大橋」

民宿主人廖大哥原本是在台北做大型工程的，當時台北最流行的就是鋼骨結構的建築工法，所以他一開始就想以鋼骨結構來建造房子，後來又發現西螺的地標——西螺大橋，也是鋼造結構，於是仔細研究了西螺大橋的構造和建法，把它以四分之一的比例縮小，仿西螺大橋做成一個總長二十公尺的橋體，後來又將屋子與橋體結合在一起，呈現新舊融合的感覺，因而有了川田府邸「西螺大橋」的產生。

親身南下，自己監工

川田府邸在變身民宿之前的幾年，其實是一間荒廢多時的房子，五年前的川田府邸雜草比人高，藤蔓囂張蔓延各處，房子被大樹完全包覆遮蔽，完全就像是遭人棄置的鬼屋，根本無法住人。當宥菱姐隻身來到此處，面對這樣的景象也覺震驚，但為了讓老屋重生，於是與在台北的廖大哥分隔兩地，開始著手進行房子整修大工程。

一開始整建時，她只是每隔幾天從台北下西螺監

1.二十年前，台北正流行鋼骨建築，廖大哥於是想到象徵西螺的紅色西螺大橋，以四分之一的比例縮小，仿西螺大橋做成一座總長二十公尺的橋體／2.舒服的公共空間是坐著聊天賞景的最佳位置／3.圓弧形樓梯的上下開口不一樣，所以扶手兩邊弧度也要不一樣，還好有施工背景的廖大哥自己打板給師傅做，才解決這個問題。

工一次，但四、五個月後發現工程毫無進度，於是決定住在工地臨時搭建的房子每天監工，對於一個台北來的OL要監督所有工程的進行，無疑是一個很大的挑戰。雖然宥菱姐有一些建築的基本概念，但趕工時期每天一次五、六十人一起運作，為了維持品質，必須每個細節都必須仔細小心，這可不是件輕鬆的事。

週末只剩宥菱姐一個人守在工地，沒有水電的工地形同廢墟，這時的心情只剩難以形容的恐懼和孤單，這段蓽路藍縷的過程是一步步撐過來了。

讓客人走出房間吹吹風

川田民宿被包圍在田野中央，有許多舒服的公共空間可坐著聊天賞景，一樓平台不時會有徐徐涼風吹來，很舒服；也因為戶外有視野遼闊的田園美景和微風，再加上寬敞舒適的公共空間，所以會讓人不由自主想走出房間，坐在餐廳或露臺與民宿主人或其他房客交流。不像其他民宿或旅館是一進去之後，就躲在房間不出來，所以很多客人都會想要再回來住，享受這舒服的環境。

Before & After 老屋改造全記錄 | 工程篇

1

1 建築結構 + 格局 + 建材
讓住在橋中間成為民宿的特色

　　川田府邸這十八年來不斷成長與改變,是因為廖大哥有個想住在橋裡的想法,所以將一部分的橋體,直接做為建築物的支撐結構,並將之最有特色的紅色鋼骨結構裸露於外,讓客人住在橋裡的感受更加深刻;因此,川田府邸成了一間很有骨感的SC鋼骨結構民宿,且防震又防火,安全性很高。

房間面積大規格的四到八人房

　　從2012年開始,雲嘉南一帶常有農業博覽會的舉行,再加上一年三節時期,異鄉遊子攜家帶眷返鄉時,老家往往已沒有足夠的房間,容納太多親人們過夜,會需要有地方可以落腳;而且西螺交流道

下來幾乎很少飲食和住宿之處，於是川田府邸就順應這樣的需求，開始經營民宿，也因此川田府邸在房間設計上，便以四到八人的家庭房為主力，再搭配少許的雙人房為輔。

水田底軟，地基需墊高防淹水

川田府邸周遭都是水田，因此之前每遇風雨較大的雨天，就有可能造成附近的泥水淹進房中。還記得一次颱風夜裡，風雨很大，西螺地區大淹水，當時川田府邸的工程只進行到一半，於是整個成了外面下大雨、裡面下小雨的狀況；此外，附近的農田過去因為只要颱風一來就常淹水，為避免心血被大水淹沒，不少農民都把地基墊高五、六十公分，使得川田府邸成為附近最低窪的地區，外面的水不斷地往自家土地湧進，所以在那次颱風過後，夫妻倆就決定趕緊把民宿地基再加高，以避免類似情況發生。像這種事還真是只有碰到了，才會知道該怎麼處理呢！

1.川田府邸的餐廳同樣運用橋體的骨架做支撐。圓弧型拱門是廖大哥親自教師傅怎麼做出來的，光做這個圓形拱門就花了一周的時間／2.花牆施工起來很麻煩，但完成後整面花牆可換不同的植物種植，效果非常好／3.川田府邸有很多圓弧型的構造，包含餐廳的大門和出餐口，剛好西螺大橋的圓拱造型互相呼應／4.這個精緻的火爐可是台灣製造外銷全球的喔。宥菱姐覺得火爐是讓一家人聚在一起的溫暖代表，讓家的意義更為完整。

常見的鋼骨結構建築工法

談到鋼骨結構建築一般會聽到兩個名詞，SC（Steel Construction，純鋼骨結構）和SRC（Steel Reinforce Concrete，鋼骨混泥土）。

兩者都是用鋼骨做為主結構，只是SRC多了混凝土，這樣可以使具有韌性的鋼骨和鋼性的混泥土結合，在地震時可以同步釋放能量、又可吸收衝擊力，是目前最廣泛使用的建築法；且鋼骨較不耐高溫，有混泥土的保護也可以達到防火或抗炎熱氣候的功效。

一般來說，鋼骨結構對於十五樓以上的建築體其效用最好，所以如果是低樓層的房子其實用RC（Reinforce Concrete，鋼筋混泥土）施作就可以了，另外鋼骨結構建築還有施工時間短、鋼材可回收和結構面積小，有增加室內空間的優點。

植草磚 + 綠化庭園
② 最便宜的植草磚，兼具綠化、車道和洩水的功用

　　其實，我們常在停車場或大樓旁看到的方塊狀洞洞水泥磚就叫「植草磚」，是個多工好用的東西，可以作為車道使用，又可以在中間種草綠化柔和環境，不至於讓車的重量壓壞草皮，所以廖大哥夫婦倆在設計庭園時，也將這個好用的建材加入其中，也建議讀者們如果有計畫將庭院綠化，同時也兼作停車場功能，可以考慮使用喔！

大型植物做圍牆更有田園風

　　綠化不是將庭院種滿植物而已，要考慮植物的特性，並與想達到的功能性做結合；注重庭院美觀的廖大哥特意不在民宿的周圍作欄杆，而是利用植物來做天然圍欄，就連與之相連的建築也可以用爬藤類或氣生根類的植物做綠化，例如：以七里香取代停車場的圍欄、用垂榕去遮擋隔壁不美觀的鐵皮屋……等，還要隨時幫花草樹木修剪，拔除雜草，以維持最美的姿態。

1.真正的西螺大橋是用釘子固定所有鋼樑，所以釘上去固定了，就無法拆除；但川田府邸的西螺大橋是用螺絲，可以將螺絲卸下來重複使用的／**2.**將橋體與建築物融合的概念非常特別，從牆上可看出西螺大橋的拱形結構／**3.**下方支柱部分也運用拱型設計來與橋型相互呼應，改為停車場，當沒有停車時，從橋下方穿越弧形看過去有幾何之美。

3 施工小叮嚀
師傅不會做？有工程底子，自己教他做

　　因為廖大哥自己的想法很多，有時又很難將腦海中的想像向師傅說清楚，有時則是卡在師傅沒做過、不會做，所以通常這個時候都是自己想辦法，自己教師傅怎麼做，自己邊想邊調整做法。

工班溝通有問題時，用軟性勸說

　　廖大哥在找改建整修的工班時，除了長期配合的，靠當地人推薦，但就連自己有施工相關背景，還是會遇上溝通的阻礙，這時就必須要靠買飲料、請吃飯……等軟性勸說來進行，所以能遇到與你配合起來都滿順的師傅和工班真需要靠點運氣。

管理維護所投入的金錢、心力比整建的花費更大

　　經過辛苦的整建完工後，開始經營民宿才知道原來經營的花費和投入的心力，不比整建時期輕鬆，除了一般的水電、油漆、燈泡的費用外，常常一場大雷雨的閃電，就可能把液晶電視、電腦、刷卡感應器……等電路板給弄壞，且每兩年橋面就要整個粉刷一次，水管線路也要定期保養……，這些需要注意的事項，讓人覺得開始經營後，才更需要細心投入的耐力持久戰。

民宿創業企劃書

總金額	總建造成本超過 5,000 萬元
房間數	5間
各項費用	外部硬體1,500萬、內部裝潢500萬、軟體500萬
每年維護成本/項目	30萬(水電、油漆、燈泡、感應器、水管線路定期保養…等)
旺季月份	每年的10月至隔年的4月

選址階段

1 附近活動的舉行是民宿的客源之一

川田府邸位於台灣農業產銷重鎮,近年來雲嘉南地區常舉辦農業相關的觀光節或活動,這對客源的穩定十分重要;因此,若民宿所在地附近若有經常性舉辦的活動,就有穩定的住宿來源,對民宿業者而言算是一大利多。

改造階段

1 南北遠距離監工不可行,一定要自己坐鎮當地監工

監工最主要的目的就是要確保施作品質和施工進度符合預期,若不監工幾乎是完全不可能,也有聽過施工一星期幾乎完全沒進度可言的例子,像川田府邸一開始就因為沒有常下來監工,造成施工時間配合不當而有所延遲,過了幾個月之後,發現進度嚴重落後,才親自下來監工坐鎮,把剩下來的進度加緊趕工完成。

2 準備好所有整建規劃的圖面,才能避免邊做邊改

監工主要目的就是為了不讓自己的錢給白白被浪費,例如看工班師傅確實來的人數、用料是否與合約上的相符、工法是否正確、施工是否確實、是否有偷工減料……等都是監工重點。多組工班同時進

行時,最好用的解決方式就是看圖說故事,用拍照的、把你想要的圖片展示給師傅看、手繪出來、用施工圖討論……,一張圖剩過千萬言,事前做些功課是有其必要。

3 位於農地附近要將地基墊高

若民宿位於水田之間,就必須特別注意地基的高低問題,因為水田的灌溉渠道一遇大雨,就有可能淹大水;此外,耕作中的農田也可能因為耕種、翻地的關係,讓農田周遭的地基不斷改變,一不注意民宿就有可能成為附近地勢低漥的區塊,若下大雨一稍微有淹水就慘了。

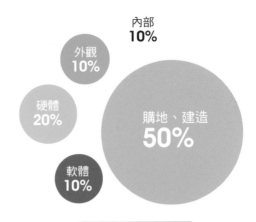

內部
10%

外觀
10%

硬體
20%

購地、建造
50%

軟體
10%

工程預算分配比例

經營維護

1 維護比建照需要更細心的照料

腹地大的房子整建完工意味著另一個長期抗戰的開始，維護起來並不輕鬆，如：清潔工作、植被的維護……等，面對每天彷彿都有做不完的事一樣，如何靠耐心與細心照料就是門大學問了。

2 目標顯眼，成為特色記憶點

面對紅色西螺大橋如此顯眼有特色的建築，縱使大家不知道它的名字，也說得出它的特色，這在行銷面上是很大的助力，可不費吹灰之力就達到讓人印象深刻的記憶點。因此，希望在競爭激烈的民宿業脫穎而出，必須找出自己的建築特色或設計風格。

3 綠化最好自己修剪才划算

為了讓庭園看起來乾淨、自然、美觀，在視覺上更要注重平衡感，川田府邸的民宿主人隨時幫花草樹木修剪，拔除雜草，以維持最美的姿態。並且特意將左邊的植物修剪的較矮胖，這樣視覺上看起來較平衡，兩邊不會輕重不一。

4 民宿主人維護家園的理念要有所堅持

有時必要的堅持和杜絕某些客人上門，例如宥菱姐就不希望有人在房內抽菸，若發現客人抽菸，會再三告誡禁菸規定，並設置戶外吸菸區；另外，為免客人的寵物破壞傢俱及隨處便溺，與其雙方不愉快，寧願不接攜帶寵物的客人。

荒廢農場
整理成
田園休閒民宿

平凡。平房

在鹿野鄉最偏遠山區，一對夫妻十年來親手整地拔草、不灑農藥，善待大地，
在克難中成就了「平凡。平房」。這裡有很多小故事，就連這兒的聲音、
氣味和氛圍，都會讓人不由自主地愛上它。

老屋變民宿info

民宿主人 James與邱靜瑜小姐

老屋×民宿　改造項目

結構鑑定工程
拆除工程
泥作工程
屋瓦修復工程
防水工程
電路管線重新配置工程
油漆工程
新增衛浴
新增蓄水池
庭院整理
新裝兩顆化糞池
餐廳和廚房建築結構延伸

開業時間	2011年3月1日
經營型態	自購
建築前身	平房民宅和荒廢超過20 年的梅林
籌畫與施工時間	整地費時6年，整理房子共費時3~4個月
地址	台東縣鹿野鄉瑞豐村水源路90巷13號
電話	0988-267909
網址	http://www.13inn.com

熱愛自然的夫妻×不平凡的小平房

1. 擁有綠色環保理念，在整理改造過程時，盡可能以善待大自然的方式進行。
2. 擁有超大綠地、樹林和小戲水池的一次一組包棟方式經營的民宿。
3. 多次獲得地方首長讚賞，並取得交通部觀光局「好客民宿」標章。

買下農場後，花了六、七年除草

舊牆打洞的廢料，用來填新地基

老屋民宿的故事 | 堅持自己的決定，十年成就庭園民宿

　　這塊土地和房子是James在攝影採訪時聽到法拍的消息，覺得價格合理，請親友幫忙評鑑，雖然大家都不建議，但James回想過去許多經歷都是聽從他人的意見，從未有一件事是重頭到尾由自己作主，所以就毅然決然地買下。經過十年的整理，原本計劃夫妻倆退休後就住進去養老，但受到朋友鼓勵，便開放成民宿與大家分享。

用時間換金錢，從整理草比人高的庭院、黑森林做起

　　跟別人都是從老建築開始著手不同，但James一家當時沒有太多錢動房子，於是決定先從庭院開始整理，用時間換取金錢，等到有錢了再改建老屋。

　　「平凡。平房」幅員共有一甲二，在都市長大的人對於這個數字完全沒概念，一到現場才被嚇傻，這塊荒廢已久的廣闊土地草比人高，原來的樹林因為被高大的爬藤植物給遮住陽光，完全是走不進去的黑森林，結果是請認識的原住民拿開山刀幫忙開路，才找到石頭圍牆和檳榔樹圍成的邊界。

　　靠著自己和親友的努力，花了六年的時間，當庭院可以看得到地表、邊界時，錢也差不多存到可以整建房子；當房子完成了，整個「平凡。平房」也大功告成了。

分享用來過生活的「平凡。平房」

　　一開始把這裡買下完全沒有想要做民宿，所以整修好也沒有特別照顧，後來發現沒有人住的房子容易壞，有人住的房子，人就會下意識維持房子的舒適，而經營民宿一定要整理房間，等於是強迫打掃房子，就將這裡開放與大家分享，希望自己喜歡的生活方式，別人也能夠喜歡。

1.來到這裡接觸大自然充電，回到台北再次努力／**2.**民宿等於是主人分享他們家給客人住，所以住民宿也要尊重民宿經營者喔！James對於有「花錢就是大爺」觀念的人，建議住飯店會比較適合。

未點交前只能自行搭帳篷在戶外

買法拍屋時必須注意，在房屋產權還未點交前，不能進入屋內，否則視為私闖民宅。所以剛開始從台北來這邊除草都只能在外面搭帳篷睡覺，甚至還要自己搭廁所帳。

Before & After 老屋改造全記錄 | 工程篇

建築結構 + 格局 + 建材
用新結構撐舊建築, 讓建物更穩固

老房子的原結構是水泥磚造，因為擔心建築構造不夠紮實，加上屋內空間太小，於是James緊鄰著老屋利用三十公分的大H bin增建新空間，並用同等地基大小撐住，讓老屋靠著新屋，使原本老屋外牆變成支撐主結構的一部分。

用廢料回填，新增區以落地窗取代磚牆，減少地基承重量

整建時，因為有開窗引光，並打掉部分牆面，因此有多餘的廢材，剛好新區域打地基需要填土，而新增的結構體又盡量以玻璃取代磚牆，承重量較輕，於是就將原本不可回收的磚塊和水泥廢料直接

1.從中間的褐色柱子到白色涼椅和戲水池的區域都是後來延伸出來的／**2.**雙人房採光充足，天一亮馬上知道，住久了生理時鐘就可與大自然同步了／**3.**這面時尚鏡子是偶然在家具店的清倉大拍賣中看到，夫妻倆都很喜歡，於是以市價的兩折買下／**4.**四人房，屬於老屋的一部分，也是有著加大過的窗子，白天的房間整體看起來非常透光明亮。

回填當地基，省下了不少廢料處理費和時間，也減少所需的填補水泥，不失為一個環保、省錢又省力的作法。

落地窗除了減輕地基承載量，向外借景有延伸感

　　James夫妻都是美工背景出身，對於美感設計有一定的要求，因此大部分裝潢都是自己設計的。剛好有位好友在台東開建築師事務所，於是就請他包工及監工，合作起來溝通也較順暢，而在台北的夫妻倆就負責採買家具，再自己慢慢地運到台東。

　　「平凡．平房」的客廳部分屬於原本老屋，餐廳和廚房則是延伸出去的新結構，新舊相容的效果，讓整體空間變得更寬敞；而玻璃落地窗除了是為了減少建築重量，也增加空間的透光性，

用廢料填地該注意的問題

「平凡．平房」利用廢料回填省下了至少九部卡車的廢料運輸處理費用。但用廢料當地基填土，要小心地基受力容易不平均，造成地面不平整，房屋很容易產生裂縫，所以在使用廢料回填的工法時，一定要先算好地基的承載量。可參考「平凡．平房」的方式，盡可能減少地上物的重量，方能避免地基受力不均的問題。

另外，施工時，若要動用重機械，例如：挖土機或大卡車，道路寬度最好在兩公尺以上，才方便人車進出，這在偏遠山區常是個挑戰。

2　人體工學細節＋房子降溫
用生活的角度設計符合人體工學的魔鬼細節

　　生活的重點就是日常活動的細節，所以在室內設計上都以生活角度思考，讓「平凡。平房」的空間細節都很符合人體工學，例如：椅子高度四十五公分、桌子高度七十五公分、吧檯高度一百到一百一十公分、廚房高度七十五公分……等，都是最符合人體彎腰或坐下的高度，門口露台也做得特別寬敞，讓車子在下雨天可以直接開到門口，人走下車便可以直接走入室內。

利用屋頂洗衣間陰影遮蔽和屋邊水池，有效解決室內高溫

　　因為房子座向和周遭綠蔭不多，造成沒改建前的房子經過一整天曝曬，室內溫度就高到像烤箱，讓人無法走進。對於房子高溫的問題，講求自然的James就用自然的方式解決。
　　James在屋頂上做了一個尖頂的洗衣間，以洗衣

間的陰影遮蔽,減少整間房子被日光曝曬的時間和
面積。這種做法讓室內溫度從平常的35℃直接降到
27℃,是非常有效的做法。另外,房子旁蓋一個小水
池,不僅可讓客人玩耍,最主要的功能還是調節房子
的溫度,因為水分子會讓空氣流動內較快,所以室內
溫度下降較快;如此一來,原本已降至27℃的溫度,
更可降至24℃,效果顯著。其他像:大面積的開窗,
讓室內室外空氣自然流通、不阻礙風的進出,也可有
效讓熱氣散去。

1.廚房是熱效能產生最大的地方,且晚上大家也不會到廚房
去,所以在廚房裝冷氣是一件浪費效能的事/2.露台高度經
過計算,讓人會不由自主地想坐下閒聊,也是七、八年來
James夫妻除草和清掃一整天後,休息聊天的地方/3.四人
房廁所特別設計兩個洗手台,使用起來方便,較不用等候或
擁擠的站在一起使用同一個洗手台。

施工小叮嚀

3

農地改建地坪所需面積，記得要把道路面積扣掉

路權和水源使用是購買偏遠地區土地時，需特別留意的。靠近山區的住家大多用山泉水，道路也有是否是既成道路或私設道路，這些事情最好都要事先確認；尤其是用路權，若是自家土地需經由他人鋪設的道路進入，容易產生糾紛。

2000年發布的最新《農業發展條例》中，規定單筆農地面積最大需要超過0.25公頃，也就是756.25坪的土地面積大小，才有辦法蓋農舍，且建蔽率不得超過10%。但在算建蔽率時，最保險的做法要記得扣掉既成道路的面積，例如：買了九百坪的地，扣掉既成道路面積，假設是一百五十坪，則真正的農地面積只有七百五十坪，那還是無法達到蓋農舍的門檻。

用堅定的態度感動鄰里，提供當地居民穩定工作機會

鄉下地區的鄰里情感都很緊密，忽然有一天隔壁被台北人買走了，心理總會有些不舒服。James用行動表現決心，常從台北來到這裡住帳篷，搬石頭

1.在平凡。平房吃可以很居家地過日子,不用拘束。自在隨性的生活就是很多家庭會再來平凡。平房的重點╱2.烤肉區,有客人甚至還自己帶東西下來布置場地,把環境用的美輪美奐的。此義式磚窯也是民宿主人James自己親手製做出來的。

和除草,還持續數年之久,久而久之,和鄰居的感情愈來愈好!

此外,「平凡。平房」地方大、住客率高,讓James請了兩位在地人當管家,支付固定薪水,讓管家們不用擔心住客率低而有生活上的困難,這種穩定的給薪做法很為在地人著想,給予他們永續工作的機會,所以員工們也都盡心盡責地努力付出。

屬性決定客人,客群多落在家庭式、喜愛自然的人

James夫妻把這裡當做自己生活的家,所以室內設計都以家人考量為主軸,公共空間也注重家人間的互動,因此吸引的客人幾乎都以家庭為主,許多客人來了以後都變死忠粉絲,很喜歡James對待自然的綠色思維,甚至與他們變成好朋友。

另外,「平凡。平房」的客人通常都是家庭和朋友居多,因為年輕階層訂民宿通常比較機動,且「平凡。平房」總價算中高價,所以年輕族群不易接受。

一次接待一組,讓客人享受隨性自在的放空假期

James認為渡假和旅遊是不同的概念,來到「平凡。平房」的客人都是來放空渡假的,常常來到這裡之後就不出門,也不喜歡有人打擾。因此,「平凡。平房」會把早餐的食材都準備在冰箱,讓客人自己處理。尤其,若是一個家庭中,大家的作息時間不同,這點剛好可以滿足大家的需求。

什麼是既成道路?

既成道路,即為在私人土地上開闢的私人道路,但為了通行需要,地主會將土地開放給大眾使用;當所有權人對土地自由使用有收益損失時,國家可以依法律規定辦理徵收給予補償,但是目前既成道路未徵收的情況比比皆是,若道路被產權人圍起來,就會引起鄰里間的糾紛。

民宿創業企劃書

總金額	500萬元
房間數	3間
建物性質	平房民宅和荒廢超過 20年的梅林
各項費用	外觀硬體400萬、內部裝潢75萬、軟體25萬
每年維護成本/項目	30～40萬(包含園區園藝、建築維護、設備維護)
旺季月份	寒暑假、春節年節

※購屋成本會依當地市價和時間與時機點而有所不同

選址階段

1 地質多斷層,為了安全,盡量找海拔五百公尺以下的地區

因為台灣多斷層帶、地震多,山坡地也有濫墾濫伐的問題,因此山坡地的地基是否穩固都很難判定,建議若是要找山坡地開民宿,還是以海拔五百公尺以下為主。

改造階段

1 裝修知識看書本學,水電、木工就請專業人士處理

市面上有許多書本都在教裝修和裝潢知識,對於老屋整修非常有幫助,但其中的水電、木工雖然也可以自己來,但專業學問大,所以太專業的部分還是交給專業的師傅來處理!

2 原木磚帶出木紋質感,同時避免蟲蛀和潮溼問題

原木地板可能會有蟲蛀問題,或是客人不小心將水打翻,造成地板底部潮溼,難以處理的,而且台灣是潮溼氣候,木地板容易受潮,因此建議用原木磚來替代木頭地板的使用。

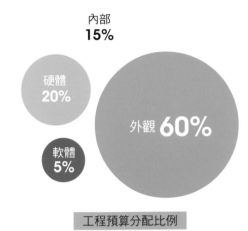

內部 **15%**

硬體 **20%**

軟體 **5%**

外觀 **60%**

工程預算分配比例

經營維護

1 房子要常住，久沒居住的房子容易壞

房子是活的，需要常保房子內的空間流動，即使久沒人住，也要常來將門窗打開，使室內空氣對流，增加通風，才不容易造成潮溼或加速房子損壞。

2 架設網站，並時常更新內容，可以刺激客人回流

影片可刺激老客人回憶起在這裡渡過的美好時光，讓客人回流，也可吸引新客人上門，最重要的是一直有在民宿網頁更新東西，維持客人與民宿的熟悉感和情感連結。

3 一次設定六到八人的接待人數，減少事前、事後的準備整理

人多就一定亂，事前準備和事後整理都不易，很容易有物品損毀，所以一次一組的民宿，在人數設定上也需要考量接待人數的問題，並非接待愈多人就愈好。

4 先了解自己，才會找到民宿特色

民宿常為了特色傷透腦筋，不知要如何發展獨特性，其實最重要的是民宿主人是怎麼樣的人，就會發展出什麼樣的主題。因此，思考民宿特色的第一步，就是從民宿主人的自我發現開始。

祖傳農舍
大改建
歐式包棟民宿

海吉兒

靠山靠海的美麗歐風庭園民宿，前身竟是豬舍、鰻寮，讓人感到不可思議。
入住就可奢侈地擁有廣大的綠地和巨岩造景，簡直猶如世外桃源般的享受，
適合家庭和朋友來此渡假，不管是看星星、看火車、玩飛行傘、衝浪、賞鯨皆宜。

老屋變民宿info

民宿主人 吳一民 先生

老屋×民宿　改造項目

拆除工程
泥作工程
磚造工程
防水工程
水電管線重新配置
每間新增一間廁所
更換化糞池
栽種植物綠化環境
屋頂更新

開業時間	2012年6月
經營型態	自宅
建築前身	超過50年種果樹、養豬和鰻苗的地方
籌畫與施工時間	一年
地址	宜蘭縣頭城鎮外澳里濱海路2段1巷11號
電話	0928-182-838
網址	http://www.hygeia.tw

全家一起經營×大草原鄉村風

1. 豬舍、鰻寮大變身的庭園美景民宿
2. 一次一組，堅持走與其他民宿不同的路
3. 民宿主人當嚮導，帶你認識當地風景

已過去鰻寮所改建的房舍

大草原改建的庭園

老屋民宿的故事｜經營民宿連結一家人的情感

吳一民的父親退休後，一直想開個民宿，剛好家中有塊地，上面是豬舍和鰻寮，是兒時家裡蓋的，房子空在那兒想要好好利用，於是就先申請了民宿執照，準備期花了七、八年才開始動工。

民宿完成後，父子倆就開始著手經營，平常可以看到吳一民在民宿內接待客人；晚上下班後，父親就會過來這邊澆花、整理庭園，媽媽只要負責收錢就好，民宿成為聯繫家人的一種情感工具。

高品質的民宿格局

在這長達七、八年的準備時間，吳一民曾在農場、飯店工作過，並到代書事務所上班，吸取民宿經營相關經驗。因此對經營民宿很有自己的想法，想將海吉兒塑造成精緻型的一次一組、獨立世外桃源的感覺，主打的是環境和空間，而不是賣房間，所以必須將目標顧客設為中上價位族群，有時難免犧牲掉部分人數較少的客人。與別間民宿做出差異性，往自己認為對的道路前進。

帶客人一起出去玩

吳一民認為好的東西就是要把服務做出來，在民宿經營上也是同樣的道理，因此客人到的時候，他都會善盡責任地帶客人到民宿附近繞繞，解說一下當地的風土民情，讓客人更了解這塊土地。這麼做可以有更多機會與客人互動，產生更深刻的回憶，像是交朋友一樣，帶客人出去認識環境，而這部分若不是民宿主人親自帶領通常都會有落差。

1.海吉兒走精緻型，一次一組的路線，有種獨立世外桃源的感覺，以優質環境和空間做主打／2.民宿資金需求龐大，為圓民宿夢，把吳爸爸的退休金都投入進去，還另外貸款，等於是整個家庭都「撩落去」／3.吳一民先生平常會陪客人到附近的海邊走走，認識當地環境。此為頭城外澳海邊的沙灘，天氣好可以看到遠方的龜山島。

一次一組的經營樣式，最好在來電訂房時過濾客人

海吉兒都是以一次一整個場地包給一組客人的模式進行，這樣雖然容易造成客人偷渡入住或東西被竊。但吳一民覺得開民宿，就不要怕人家睡，也不要怕人家把東西拿走，若是遇到有心人，再怎樣做也無法防範的，還不如在客人來電訂房時就先把關。

與周邊商家合作提供客人精緻早餐

海吉兒位於偏僻之處，附近什麼都沒有，只有山上一棟吸引無數觀光客的金車伯朗城堡咖啡廳，以精緻休閒導向為主的海吉兒，要準備美而美或麥當勞當客人早餐實在不合適，因此吳一民就與伯朗咖啡廳的店長談了早餐合作，讓客人可以前往金車伯朗城堡咖啡廳，在一片遠眺的海景中享用早餐，並多去了一個觀光景點遊覽，一舉兩得。

Before & After 老屋改造全記錄 | 工程篇

公共區域空間很大,可在此用餐,還有盡情供客人享用的零食吧。再如此寬闊的空間做在沙發上看大電視的更是絕佳享受,非常過癮。

建築結構 + 格局 + 建材
豬舍打掉重蓋成公共空間, 鰻寮則是臥室

原本的豬舍現在是室內公共空間主要的場所,在改建時由於房子四周已經破損不堪,於是決定將它打掉重做,只留地基的部份。

鰻寮則是原本的魚塭工寮,海吉兒保留原本上下兩層的建築體,將它做成一整棟住一組客人的空間,不像外面為求賣最多房間的想法,堅持給客人寬廣舒適的空間。

依山面海的環境是最大優勢,利用美景吸引客人

海吉兒位於山腰上,而且是背山面海的絕佳位置,風景秀麗,院子中還有兩塊天然的巨大石頭。父子倆都希望能將民宿的環境融入其中,所以用落地窗讓戶外的景可以延伸到室內,並將庭院美化,使整體景觀看起來更宜人協調。

前身為鰻寮的雙人房，上層為臥室，下層為起居室，同樣也有裝設兩台冷氣

 走道＋土地整平
最初設計時不要太複雜，以免事倍功半

奉勸各位民宿主人在設計民宿時不要想太多，就讓各項設備展現自己的功能性，保持簡單就好；在海吉兒接待大廳入口的一條木製走道，就是其中一例。吳一民原本想說可在木板下方做些設計巧思、變化，並可將木板拿起來變成另一種功能，無奈木板太重，拿不起來，於是放棄原先的想法，讓木板走保持著原有的模樣。

車庫與花園整平後，竟成為拍照勝地

海吉兒的前身是一片果園、豬舍和鰻寮的綜合體，所以地有凹凸起伏、不平整，車庫的土地面積也不夠大，於是請了挖土機整地，並輾轉用了其他民宿整地時的廢土填平，才會有如今的車庫和花園。現在，這塊車庫和花園常被拿來拍電影或廣告，許多的婚紗攝影和婚宴聚餐也都會選擇在這裡舉辦。

主屋二樓的四人房。天花板以傳統歐式的造型做設計，有許多線條，每個角度看各式不同的感受，像是居住在閣樓的感覺，但其高度又不至於太矮。

改建小叮嚀

3

冷氣必備不能省，必須讓空間馬上冷

客人一踏入民宿都希望趕快冷，尤其是夏天，所以海吉兒每個空間都配置至少兩台冷氣，雖然可以馬上冷，但所花的電費也不少。

有些民宿主人看到這樣的情況就會心疼電費而幫忙關冷氣，但切勿進入客人的房間或空間內，這是大忌，因為客人會質疑民宿主人為何隨意進出房間；有東西不見或失竊時就更麻煩了，所以冷氣電費問題事小，有損信譽和事後發生糾紛才事大。

植草綠化必須依特性來決定，讓庭園更多采

一片綠的庭院是需要靠各類樹種花草來點綴，目前海吉兒種了櫻花、梅花、柚子樹和落羽松……等。櫻花其實不太適合在台灣平地栽種，因為台灣是熱帶氣候，但櫻花是溫帶樹種。因此，最好知道植物特性後，再決定種植的品種，反而還可以事半功倍。

1.每間房間也都裝有兩台冷氣，為的就是要讓房間夠快涼，夠涼爽。此為主屋二樓的四人房／**2.**每二至三週要割一次草，以維護海吉兒美麗的草皮。

關於草皮部分，巴西地毯草踩起來比較柔軟，適合讓客人光腳踩在草皮上。至於常見的韓國草就較不推薦，因為草質較細，一有雜草就會很明顯，雖然看起來很美，但比較適合小面積種植。若有蚊蟲的話，也可以考慮種迷迭香，可以驅蚊蟲。

卡拉ok、游泳池、露營地等附加價值必須仔細衡量得失

民宿有許多東西都是可加可不加的，必須考慮附加價值、維護、可行性和安全性的問題。以家庭客為主的海吉兒，也曾經想要建小的游泳池，但考量到其危險性，所以後來還是沒設游泳池。

連露營地、卡拉ok、腳踏車出租……等民宿的附加價值，吳一民其實都考量過。但經過一連串的思考，還是覺得讓民宿簡單化就好，專注本業，把核心價值做好才是最重要的。

1.鰻寮的隔間都予以保留，此為下層的起居室／2.海吉兒用到了大量的木頭，天花板和房間幾乎都是由木頭所構成／3.每間房在陽光曝曬較為不足的地方，草容易枯黃和乾枯，因此在較為陰暗的地方可種植玉龍草，又稱延階草，耐陰性很強，適合緣栽或點綴性的種植。海吉兒門沿旁的區塊就是以種玉龍草為主／4.還有簡單的點心吧供人自行取用，任何食物都可以免費讓你吃喔／5.立志要做收費破萬的民宿中沒浴缸的最高級民宿。

靠海邊，東西容易壞，須勤維修

海風帶有鹹度，所以不管是燈、電氣或空調都很容易壞。鐵會生鏽、木板會掉漆，因此海邊建築在建材上最好少用油漆，盡量使用石材比較耐久。而且宜蘭的地形容易下雨，常會有水痕的汙漬留在牆上，有礙觀瞻，也需定期去處理，與一般在非海邊的房子相比更需要勤於保養。

使用地下深層水，衛浴採乾濕分離

海吉兒因為有養魚，需要穩定的水源，因此使用深井取地下深層水。這個也是因為海吉兒所在的頁岩下方剛好有地下深水層，才會在自家後院開出一個深井。

當初在改造時，浴廁是否需要浴缸也掙扎了許久，後來因為空間關係，決定不裝浴缸。一民不想跟人家做一樣的事，要打造收費破萬民宿中最高級的乾溼分離浴室。

民宿創業企劃書

總金額	1,000萬元
房間數	2間
各項費用	外觀硬體300萬、內部裝潢500萬、軟體200萬
每年維護成本/項目	約20萬，含：油漆、戶外燈俱、戶外環境維護、花草樹木……等。
旺季月份	11月～3月(淡旺季明顯，尤其冬天溼冷，很少有遊客前來。)

選址階段

1 豬舍、鰻寮申請民宿時，可用空照圖證明沒有新建或違建

許多農舍改民宿時會遇到的問題，就是被主管機關認定為是新建農舍，因此在當初申請民宿時，必須舉證自己沒有新建或違建，而吳家的農舍原本就是已存在房舍，所以特意去找空照圖，證明當初的建築就是如此，非新建農舍。

2 要做民宿就要先去住民宿

要做民宿就要去多住民宿，找與自己類似、同等價格的民宿，看人家怎麼經營，可以如何改進，不要覺得捨不得，多去住才會知道如何經營，也算是市場調查。

改造階段

1 經營民宿不要想得太美好，以免有金錢時間壓力

做民宿在一開始不要想得太美好，因為不管多做任何準備都還是會有所落差，在金錢上和時間上都是；一定要有源源不絕的熱情，才有辦法面對每天幾乎一樣的步調和生活。

2 木頭應做防蟻處理，或是以木紋磚取代天然木

為了避免白蟻的侵蝕，最好一開始在使用木材上，就先做好防蟻處理。不然，也可用木紋磚取代木頭的裝飾，避免白蟻問題發生。

外觀
10%

硬體
20%

軟體
20%

內部 **50%**

工程預算分配比例

經營維護

1 經營維護很花錢，基本上是無底洞

吳一民開玩笑：要害一個人就叫他去做民宿。最主要是因為民宿就如同自己家，想給客人最好的，所以就會無止盡地一直投錢下去，在財力上面頗傷的，因此在做民宿前必須做好財務規劃。

2 地區競爭愈激烈，愈要走出差異性

宜蘭地區有一堆新蓋的民宿，幾乎到了供過於求的階段，客人在眾多選擇中不是看名氣，就是比價格。為了不讓自己身現紅海泥淖，開闢一條屬於自己的獨特道路，才是最佳的藍海策略。像海吉兒就以外澳地區唯一有著廣大綠地，一次一組經營模式的民宿，做為其特色。

3 用預約來電，把亂來的客人過濾掉

民宿主人在介紹民宿時要避免說「包棟」，不然會吸引奇怪的客人前來。而當客人問：「老闆是否會住在這？」、「住宿人數是否有限制？」這種問題，民宿主人也要提高警覺，因為會這樣問表示若老闆不在，那客人就可以不用介意是否會吵到別人，有可能找一堆人來開party或做些奇怪的事，而民宿最怕的就是接到不愛惜民宿的客人，會讓民宿損失慘重。

4 靠口耳相傳吸引同樣族群的客人

有時民宿透過網路關鍵字或廣告所招來的客人，反而不是真正屬於本身真正訴求的客群，會有與想像不符而產生客訴。但若是真正喜歡這裡、透過口耳相傳而來的客人，通常都會好好愛惜民宿，並容易有極高的滿意度，這才是對民宿經營和推廣最好的方法。

過氣老別墅
改裝成
奢華小白宮

紐約民宿

花蓮省道旁的白色豪宅，氣勢非凡，又稱「花蓮白宮」，為前國策顧問住家，
前總統李登輝還曾經在此地下室開過祕密會議。如今，魏家夫婦一起經營起紐約民宿，
讓大家有機會一探當時顯赫人家的居家格局。

老屋變民宿info

老屋×民宿　改造項目

拆除旁邊日式平房
電路管線重新配置工程
油漆工程
庭院綠化整建
廁所重新裝潢和新增

民宿主人　廖大哥和宥菱姐

開業時間	2012年7月
經營型態	自購
建築前身	約30年歷史，前國策顧問住家
籌畫與施工時間	6個月
地址	花蓮縣花蓮市中美路34號
電話	0963-337758
網址	http://www.newyorkbnb.com.tw

圓夢夫妻×輕裝修的美感

1. 豪宅主結構非常紮實，維持基本樣貌，只作簡單整理、佈置。
2. 入住花蓮知名豪宅，讓客人感受豪門的大氣格局。

雖說是豪宅，但30年前的裝潢，現今看來老氣。

舊式的衛浴間配色，不夠時尚。

老屋民宿的故事 | 兒時夢想成真，住進花蓮白宮

魏大哥及林姐都是在花蓮長大，記得以前上學從這座「豪宅」經過，都會好奇這間白色別墅裡面到底是個什麼樣的地方？住著什麼樣的人？

小時候，都把這棟建築叫「花蓮白宮」，並希望長大之後有一天能夠住在裡面。如今，小時候的願望終於達成了，變成民宿的花蓮白宮也能讓大家有機會能一窺究竟，滿足大家的豪宅體驗。

門口的民宿小招牌，意外招來客人

開民宿對於魏大哥及林姐而言是誤打誤撞，因為是在過年前買下這棟房子，本來是打算開餐廳，但在過年期間，親友建議可以在門口擺民宿的牌子試試效果，結果在還沒裝潢的情況下，位在省道旁的別墅一下子就客滿了，還維持了半個月，於是開啟了花蓮白宮的民宿之路。

避免早餐用餐過度擁擠，採時間分流機制

紐約民宿的早餐時間，為了避免用餐空間過度擁擠和準備不及，採用時間分流的做法，即事先詢問客人要幾點吃早餐，有七點、八點、九點的三個場次可以選擇，等時間到了再下來吃，可讓要趕行程、想早點吃早餐的旅客有選擇的空間，民宿主人也比較好安排早餐的時間。

1.整棟白色豪宅是早年大戶人家的別墅／2.華麗的燈是原本老屋留下來的，這樣的燈飾在三十年前非常昂貴，連現在看起來都還覺得有點奢華／3.老屋原來的燈，特別在螺旋樓梯的地方設計螺旋狀燈以配合整體造型／4.紐約民宿提供的中式早餐，採時間分流的方式控制客人用餐多寡，很值得學習。

Before & After老屋改造全記錄 | 工程篇

建築結構 + 格局 + 建材
原封不動的隔間設有傭人房和小孩房的大戶格局

　　老豪宅的格局很大氣，也沒有特別的損壞處，所以魏大哥將舊有的格局原封不動地保留下來。有趣的是，過去的豪宅會特別設一區是傭人房和小孩房，從設計上，可以看出當時的想法：傭人房離餐廳很近，方便準備餐點，也與廚房、陽台、洗衣場在同一區，也有獨立使用的廁所，而小孩晚上需要特別照顧，所以小孩房也會離傭人房比較近，這是與一般民宅不同的設計需求。

機能還可用的家具、設備，以及庭院的綠樹都予以保留

　　紐約民宿在改建時，原則是能不動的就不動，隔間、系統櫃和固定式家具，功能都很正常能使用，

1.紐約民宿二樓的交誼廳，可以看到都被漆成白色的系統家具原本的模樣，連天花板的木頭裝飾狀況也都還保存得很好／2.「皇后」雙人房，走比較浪漫少女風，系統家具的書桌通常會設計在靠近窗子的地方，窗戶下方的空間也常往外挖，用來做櫃子設計／3.老屋原本做為和室設計的地方也被拿來當成一間房間使用，從左邊的置物牆設計和天花板及燈就可以看出是很正統的純日式風，木頭用料也非常好／4.從一樓延伸到三樓的樓梯都以螺旋造型設計，每個面向都有不同的美，當時是特別請台北的設計師設計的，是一棟通風好、光線好、用料好的大宅。

所以都只是簡單地上白漆，保留原樣。庭院裡的幾棵松柏和三十幾年的老樹也完整保留著，現在看上去依舊茂密的矗立在那，非常有味道。

豪宅設計細緻，廻旋式樓梯是一大特色

老屋內部細節、用料都是豪宅規格。隔間的牆壁厚度都比一般人家的厚上許多，所以隔音超好；另外，經過歲月的洗禮卻沒有漏水和龜裂問題，紮實如銅牆鐵壁般堅固。

老屋裡的旋轉樓梯扶手是用不銹鋼製作，一般不銹鋼材質不好時，使用久了就容易產生一點一點的黑點；這間老屋的不銹鋼扶手品質非常好，落成數十年又閒置了多年，卻沒有發生這種問題，更何況在三十年前不銹鋼可是超貴的材料，可見這屋子的用料有多頂級了，這也讓魏家夫婦省工不少。

1.日式平房拆下可用木頭，材質都是台灣檜木，因此被再利用做成桌子、裝潢木料／2.重新整修的廁所很具有現代感，使用起來寬敞舒適，且每間房間的浴室設計主題都不同喔。

② 廁所＋停車場＋桌腳
重新增加衛浴設備，改善老舊問題

在改建整修的過程中，花費最大的裝潢預算就是廁所。基於客人住宿的獨立性，每間房間的裡面都必須搭配一間浴廁，加上原有的廁所也很老舊，所以全部重新裝修。但要說改建過程中最辛苦的，還是在清理打掃，因為房子很大，所以光是打掃的動作就花了很多時間和精神，所以大房子也有大房子的不便！

拆掉日式平房，增加停車場，以利開車旅遊的外地客

當時買下的產權除了將花蓮白宮主建築和庭院外，旁邊還有兩棟日式平房，但主結構已損壞嚴重。他們請人做了防蟻處理，無奈木頭結構都被啃食損毀，於是拆掉改成停車場，並將拆下來可用的木料回收再利用，做成桌子、木門……等小家具和裝飾。

3 廁所 + 停車場 + 桌腳
廣大的公共空間，讓客人可以舒適放鬆

同樣是花蓮市，其他的民宿都沒有和紐約民宿一樣，有個非常寬闊的公共空間，一進室內大氣的格局和蓊鬱的庭院看了令人心曠神怡，還有寬闊的陽台可以讓人坐著聊天乘涼，使人心情整個都放鬆了。

不管是餐廳或民宿，強調的都是服務

魏大哥及林姐除了民宿之外，還另闢餐廳，但不管是餐廳還是民宿，其實本質都是一樣的，那就是服務客人的心。

紐約民宿用得最快的消耗品是洗衣粉。因為民宿管家太熱心，一看到客人下雨淋濕了衣服，就會催促客人快點把衣服換下來，常常幫客人洗衣服，怕客人自己洗不夠乾淨，這全是因為把客人當自家人的緣故。

在服務上，紐約民宿提供了許多旅遊套裝行程供客人選擇，而且都有車直接接送，替旅客把旅遊所有的需求都一應俱全的準備妥當，讓客人享受賓至如歸的旅遊體驗。

可讓客人放鬆的公共空間，從陽台上剛好可以看到外面道路一排綠油油的樹，有些房間甚至還有私人的陽台空間可使用。

民宿創業企劃書

總金額	500
房間數	5間
建物性質	約30年歷史，前國策顧問住家
各項費用	外觀硬體150萬、內部裝潢250萬、軟體100萬
每年維護成本/項目	50萬(含冷氣電視裝修房間、備品汰舊換新…等)
旺季月份	2、7、8、10月

※購屋成本會依當地市價和時間與時機點而有所不同

選址階段

1 位於省道旁，龐大的車流量就是人流量

省道是外地人開車到花蓮的必經之道，因此紐約民宿最多的就是開車經過、看到民宿招牌的客人，因此選在車流量多的地方，其實也帶來了部分穩定的客源。

2 當地的特色建築名氣響亮，宣傳上容易許多

花蓮白宮是每位花蓮人都知道的著名豪宅，所以當得知花蓮白宮要賣時，魏家夫婦二話不說把它買下來，因為這棟特色建築的名聲能吸引客人到此一觀，不用創造特色就已經很有特色。

改造階段

1 基於安全考量，老屋的水電管線最好重拉

老屋基本上不管歷史多悠久，要經營民宿，基於安全考量都一定要重拉水電管路，這不只是汰舊換新，因為一般住宅和民宿用電的概念是截然不同，就連廁所的配置位置也可能會改變，所以水電幾乎都要重新牽設的。

2 基於法規和安全考量，必須增設防火建材

民宿法規對於民宿的防火建材有明確的規範，除了因應法規的要求外，在防火安全的考量上也是必須的，如在牆壁漆上防火漆、使用矽酸鈣板作為牆壁或天花板……等，都必須在改建施工時一併考量。

3 因為老宅結構安全、格局不須大改變；自己油漆，很省錢

若買到一間好房子，格局與建材的用料都已經很理想，那麼只要重漆油漆，就可以有嶄新的效果，不僅省錢又省時。

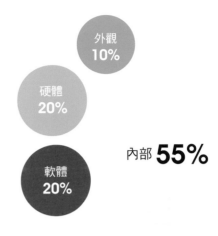

外觀
10%

硬體
20%

內部 **55%**

軟體
20%

工程預算分配比例

經營維護

1 平日靠國際觀光客，假日靠台灣客

花蓮是台灣旅遊的觀光重鎮，假日幾乎都是台灣本地人，平日則是靠許多國際觀光客來填補住房率。因此，想辦法如何去吸引國際觀光客願意到此處一遊，是一個解決平日沒人、假日客滿的窘境的方法。

2 將團體客集中，與散客作區隔，方便各自休憩，不會相互干擾

遇到團體客就盡量安排在同一區或同一層，與其他客人盡量有所區隔，避免吵到其他客人，好處是安排在同一區等於有自己的小交誼區，是屬於團體的小空間。

3 民宿經營者要對當地環境十分熟悉，以提供客人足夠的觀光資訊

客人通常來電訂房或入住時，就會問民宿主人行程如何安排和行程細節，並希望能推薦景點，所以要經營民宿前，最好先熟悉當地環境、風土民情，才能讓客人盡興。

山區閒置農舍
化身
歐式風民宿

朗‧克徠爵的風車教堂

朗‧克徠爵（人客來坐）的風車教堂民宿，看似很歐洲的名字，其實是道地台味諧音趣味。
外觀建築均以地中海風格的設計：西班牙的浮雕裝飾游泳池、白色拱牆和巨型風車，
處處充滿幸福滿點的元素設計，可說是台東地區最高的幸福祕境。

老屋變民宿info

莊主 吳孟軒 先生

老屋×民宿　改造項目

拆除工程
泥作工程
屋瓦修復工程
防水工程
水電管線重新配置工程
油漆工程
中庭改造工程
增設蓄水池和蓄水塔
增設風車、白色圓弧造型牆面、賞景平台

開業時間	2007年6月
經營型態	代為經營
建築前身	民國80幾年蓋的農舍
籌畫與施工時間	2年
地址	台東縣卑南鄉溫泉村民生22號
電話	0988-253618
網址	http://www.ch22.com.tw

熱愛自然的科技人×山中的幸福浪漫

1. 利用創意將紅瓦和白牆相結合，讓傳統三合院變成南歐式浪漫民宿。
2. 建造大型歐式風車，成為民宿的特色地標，讓客人們印象深刻，口耳相傳。
3. 因為建築風格吸引情侶客層，除了民宿服務外，也兼營下午茶和婚禮。

本的紅瓦屋頂並沒有拆除，配上白牆就變成地中海式的紅瓦白牆民宅。

原本門廊放的木頭桌椅現在也都還在民宿下午茶使用中。

老屋民宿的故事 | 很台味的歐式民宿

民宿屋主楊先生在買下農地後，蓋起三合院，後來由吳孟軒先生交由整修，才有了現在歐風結合台味的朗‧克徠爵的風車教堂。

其實，一開始楊先生的想法是想與大家分享山中的美景和清靜，於是交由親友幫忙協助管理民宿，以台灣傳統農村風味經營，但生意始終不是很好，長久閒置，直到吳孟軒的出現。

來去鄉下住，開啟了與朗‧克徠爵的風車教堂的緣份

吳孟軒是個喜愛戶外活動的人，他很喜歡台東，因為工作輾轉認識身為台東人的楊先生，聽說楊先生在山上有一棟三合院可以借住，於是就跑來台東住進風車教堂的前身——有十多年歷史的三合院農舍，開始了與朗‧克徠爵的風車教堂的第一次接觸。

人生轉一圈，才發現最初的夢想是最好的選擇

吳孟軒後來辭掉科學園區的工作，流浪到玉山國家公園的當義務解說人員，發現自己喜歡寧靜的山上。

他念頭一轉，想到楊先生位在台東山上的屋子，他自日本回國後，馬上就與楊先生連絡上，提出一個民宿改造計畫，獲得楊先生的同意後，開始了朗‧克徠爵的風車教堂民宿改造營運計畫。有時想起這一切，他就覺得自己是被這塊土地呼喚而來的，才有機會得以實現當上班族時的夢想。

1.因為位於半山腰，景色宜人所以也兼作下午茶，與大家分享碧海藍天的美景／**2.**中庭的水池是與工班的年輕師傅一起發想出來的／**3.**朗‧克徠爵的風車教堂是看星星的好地方，附近幾乎無光害。

Before & After 老屋改造全記錄 | 工程篇

建築結構 + 格局 + 建材
從台東與南歐相似的風情出發，激盪出新的建築風格

台灣與南歐民族都擁有熱情性格，而且台東的靠山面海的地理環境和南歐相似；因此朗·克徠爵的風車教堂在改裝施工時，就用創新的白牆，再加上歐式鍛鐵設計，就讓紅磚農舍變身為南歐的紅瓦白牆民宅，並且承襲了西班牙風車和教堂的建築元素，所以就會讓人感覺來到某個歐洲小莊園。

用歐式迴廊、風車建築，隱藏三合院格局，營造異國風味

三合院的建築格局在整修時，將正廳和東西邊廂都外推加了迴廊，並且以西班牙風味的白色洗石子做為外牆。這樣的歐式外觀是和當地台東師傅一起研究做出圓弧拱型，牆面洗石子工法也是台灣傳統

建築常用的，再加上風車上的扇葉更是用台灣民宅常用的雕花鍛鐵大門的花紋裝飾。

所以朗・克徠爵的風車教堂雖然乍看之下非常歐式，但原料和手工都是出自台灣人之手，一點國外進口的原料都沒有，是棟台式作風十足的房子。

1. 白牆拱形的門廊營造出南歐的異國風情／**2.** 門廊內的磚牆其實是道地的台灣清水磚／**3.** 細看才能發現朗・克徠爵的風車教堂是台式的紅瓦三合院／**4.** 水池邊的洗石子裝飾是吳孟軒親自繪圖設計的。

獨特的建築吸引不同客群，民宿經營會上癮

原本只是單純的民宿，沒想到因為建築設計的浪漫風味、房間的樓中樓和開放式浴室設計，吸引不少即將結婚的新人來到此地，也有許多家庭和情侶的客人會入住，這些都是意料之外的事。

因此，吳孟軒認為很多事情都是半路出家、邊學邊做，有客人的需求才有更多的服務慢慢衍生，轉變成無限的可能，這就是為什麼經營民宿讓人上癮的原因。

老祖宗設計的三合院建築智慧

傳統的三合院建築設計有其奧妙在，無論早上或下午的太陽多大，三合院都會有一面會是遮蔭面，讓人可以舒服坐在陰影下納涼，且三合院的中間就是一個極佳的遮風避雨處，可以將東北季風的風勢擋住。此外，早期的房子都是用磚牆蓋房，所以隔音好，前人的智慧果然非常實用。

2 開放式浴室 + 游泳池
開放式浴室設計，讓人體驗有別在家的泡澡氛圍

一般家庭少有開放式浴室設計，開放式浴室不僅讓人較放鬆，也可拉近彼此間的距離。開放式浴室的靈感來自於施工期間，某天在工作完後，將浴缸搬到三合院正中央，一邊露天泡澡一邊夜景，極其享受。因此，希望能把浴室做成開放式的空間，讓人也可以在洗澡時有更開闊的享受空間，於是馬上請人更改設計圖，把西廂房都改成了開放式浴室。

游泳池彩色琉璃石造景，可防止溼滑危險

游泳池的彩色琉璃石裝飾，是把回收玻璃瓶打碎再製的環保建材，色彩鮮豔，不扎手、不褪色、耐磨、耐水，還能防滑。既然主建築是南歐風，因此就刻意採用西班牙建築大師高第奎爾公園造景的點子，吳孟軒親手畫了兩隻台東山野常見的樹蛙，利用彩色琉璃石作多彩的組合運用，增加不少視覺趣味性。

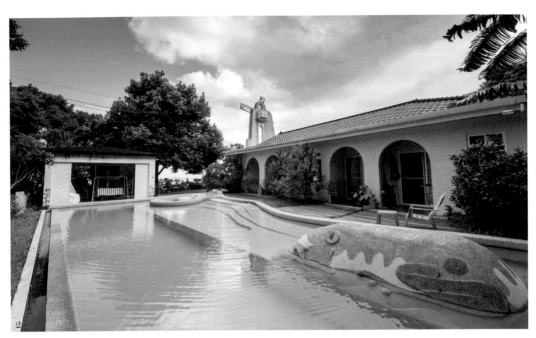

1.開放式浴室的浴缸設計特別大，不像其他一般民宿會因考量到浴缸用水量大問題而不設浴缸，朗‧克徠爵的風車教堂民宿有天然的山泉水源源不絕，所以沒有這方面的顧慮／**2.**水池最深的地方為120公分，漸緩台階的安全性設置讓人不至於一下子落入最深處，還有設置熱水池，泳池旁也有準備相關浮具和游泳圈／**3.**幸福鐘是許多訪客喜歡拍照的景點之一／**4.**用洗石子當泳池旁台階的材質，可避免磁磚容易產生的溼滑問題，在完全沒水的狀態，也可以當作台階式的廣場，具有多功能用途／**5.**房間「卡拉」。有著開放式的大浴池，適合情侶兩人的私密空間。

1

2

3 施工小叮嚀
透過與年輕、敢於創新的施工師傅互動與討論，產生新想法

因為地點遠，自己又非本地人，所以在改建過程中碰到不少釘子。經過許多承包商估價，都覺得很難做，最後找到容易接受新事物、喜歡戶外環境的年輕師傅，一起施工共同圓夢。幾個施工師傅都是年輕人，會一起喝啤酒討論工程細節，因此，在施工過程中，很多細節如：白色拱門、三合院鋪草皮、利用山泉水在中庭做階梯式流動水池……等，都是這樣被討論出來的。

偏遠山區多依賴山泉水，但民宿用水量大，需要儲水備用

在偏遠地區，水源是一大問題，好在朗·克徠爵的風車教堂附近有山泉水可用。但用山泉水意味著靠天吃飯受季節和降雨量的影響，再加上泳池和房間的大浴缸，用水量頗大，更必須時時檢查水源用量，因此準備了六個大水塔儲水，以防萬一，避免缺水問題。

了解入住者的類型，貼心地替客人挑選最適合的房間

了解入住者間的關係是朗·克徠爵的風車教堂特別留意的地方，因為針對家庭、朋友、情侶有各自適合的房型。例如：帶長輩出遊就不適合安排開放式浴室的房間；一群年輕朋友或家庭親子出遊，就可以安排樓中樓的房型，且靠近游泳池玩水方便的房間。

1.房間「安祖兒」，樓中樓的藍色海洋家庭房，並在此房間中加入航海風主題，適合有國小年紀的小朋友的家庭／2.此房型適合情侶或者新婚夫妻，因此採用較浪漫的設計。

 加值服務

利用下午空閒時段，增設下午茶服務，增民宿收入

民宿增下午茶服務，是一位喜歡做蛋糕、甜點的學妹來到朗‧克徠爵的風車教堂民宿幫忙也愛上這裡，就把工作辭了，開始在此處提供下午茶的服務。對於民宿而言，中午到下午這段時間是比較空閒的，多了這項服務，不僅增加業外收入，也可讓本地人不用住宿就有機會來民宿參觀，享受無敵的山海美景。

幸福滿點的燭光晚餐+求婚儀式+婚設場地

歐風莊園常讓人與幸福、結婚聯想在一起，因此有許多人前來拍婚紗，甚至在此地舉辦婚禮，對著海景證婚。既然要打造超幸福的甜蜜感，結婚和拍攝婚紗場地是基本。朗‧克徠爵的風車教堂更提供全套浪漫婚禮，有法式料理燭光晚餐、紅酒香檳、小提琴手表演、煙火秀、蛋糕慶祝、蠟燭氣氛營造、多人造勢排場……等，只要你想得到，需要精心安排的梗，都可以盡力為客人做到。

1.西式早餐，豐富的實物配色和擺盤看起來讓人食指大動／2.朗‧克徠爵的風車教堂法式料理是有五星級大飯店主廚設計的，所以擺盤和美味程度都具有一定水準以上／3.對於不知道怎麼求婚的人來說，朗‧克徠爵的風車教堂的求婚服務提供專業的整套流程，設想周到，有些客製化的橋段還可以與服務人員討論並配合演出！

民宿創業企劃書

代寫經營

總金額	1,400萬元
房間數	4間
建物性質	民國80幾年蓋的農舍
各項費用	外觀硬體1,120萬、內部裝潢210萬、軟體70萬
每年維護成本/項目	30～70萬不等(包含電視機更換…等)
旺季月份	寒暑假

選址階段

1 牽涉到日後經營的水電問題，要提前先考慮

水和電是民生基本需求，在偏遠地區也要先確保這兩件來源是否沒問題，水源可能是用山泉水或地下水；用電則有可能需要請人牽線，有時候可能會要跨過鄰近人家的領空或土地，需要協商或申請，這些都是選址前需要確認的細節。

改造階段

1 改造完工期限可用第一批客人入住時間做設定

改建過程若沒有設定一個期限，給自己一個壓力，常常就會拖到不知何時才能完工。至於日期的設定可用第一批客人入住時間做設定，加速自己的進度，也可以請教客人入住後，提供感想和建議，做為日後改進的依據。

2 事先鎖定目標客群，設計客人喜愛的房型，讓服務更精準

若未先設想服務怎樣的客群而先開始設計民宿房間時，有可能發生客人並不是主人希望服務的客群，所以最好還是先鎖定客群，再根據目標客群做房間設計。

3 熱水供應裝兩組加熱系統輔助使用

為避免客人臨時沒熱水洗澡，建議加裝兩種以上的熱水輔助系統，用熱泵熱水器的優點是節能，但製熱時間較長，所以可以再加瞬熱型設備以備不時之需，使用雖然比較耗電但可快速加熱，讓供應洗澡的熱水可以維持在50℃上下，尤其在客人較多時，民宿主人也需常常確認水溫，以防萬一。

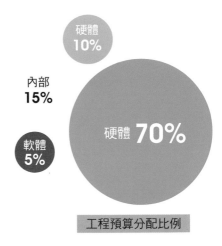

硬體
10%

內部
15%

軟體
5%

硬體 70%

工程預算分配比例

經營維護

1 地處偏遠，更要用具有象徵意義的特色來吸引客人來

在地處偏遠的民宿，因為距離遠，需費一番工夫才到達得了，若沒有讓客人不請自來的特色，就會失敗。大風車除了是歐式的象徵外，在行銷上也能達到很好的效果。只要有一個能讓客人馬上記住的象徵物，不管是建築體、設施或服務，就能夠擁有相同的效果。

2 提供打工換宿，解決人力吃緊，也有許多附加價值

近來許多人會想在職場上喘口氣，去找個打工換宿的機會，改變生活的步調和節奏，年輕人也會想嘗鮮，是種另類的職場體驗，同時也可帶動當地觀光，對於民宿來說，正好也可彈性調派人力，解決人力吃緊的問題，對於民宿主人和換宿者來說都是個雙贏的機會。

3 房況表直接公布在網路上，讓客人自己挑房間

客人訂房狀況可直接公布在網頁上，客人可透過親朋好友的推薦或上網站看照片的方式，自行評估喜好和需求，挑選自己想要的房間，過程公開透明，對民宿主人來說也省事得多。

4 偏遠地區的水電維修常是個問題，要與水電師傅打好交情

偏遠地區很難叫到水電師傅，尤其許多突發狀況是在非上班時間發生的，因此透過與水電師傅打好交情，讓他在非上班時間都還願意幫忙過來一趟就是看個人造化了。

三層透天厝
變身為
高級木造民宿

踢被屋

在羅東運動公園旁的小社區中，有一棟以高規格的建材裝潢打造的千萬民宿，
非常著重做工和建材的使用，名字叫做「踢被屋」，是間非常乾淨、安全又親切的老屋民宿。
民宿的主人不喜歡強調民宿特，認為讓客人住得舒服最重要，殊不知這就是踢被屋最大的特色：
用料紮實，讓人住起來安心感十足。

老屋變民宿info

民宿主人 黃淑芬小姐

老屋×民宿　改造項目

結構鑑定工程
拆除工程
泥作工程
屋瓦修復工程
防水工程
電路管線重新配置工程
油漆工程
拆除頂樓鐵皮屋，再增高一層樓

開業時間	2013年7月
經營型態	自購
建築前身	超過30年的社區民宅
每年維護費	截至目前為止尚無維護支出
籌畫與施工時間	約10個月(中間停了兩個月)
地址	宜蘭縣羅東鎮四維路153巷17號
電話	03-9559815
網址	http://www.tobehome.tw/about.html

浪漫女會計×真材實料的安居環境

1. 以高規格的建材用料，打造舒適、安全、健康的民宿環境
2. 耐將工作室與民宿合一的經營模式，方便兼職的經營者能兼顧工作和民宿管理。
3. 非常注意民宿的住宿衛生，採用最新科技的馬桶清潔系統。

踢被屋原始的模樣是三樓的透天厝。

民宿主人的工作室通道。

老屋民宿的故事 ｜ 幫別人跑照到自己開民宿

民宿主人黃淑芬在紐西蘭自助旅行時，住的民宿外面種著一棵檸檬樹，民宿主人總是隨性用現摘檸檬，榨汁給住客喝，讓她覺得這樣的民宿生活很美好。後來跟朋友笑鬧說要開民宿，想不到朋友熱烈支持，認為她愛聊天交友的個性很適合當民宿主人。但淑芬還並沒把這件事情放在心上。

淑芬的正職是做會計與記帳，直到有朋友要開民宿，請她幫忙跑照流程、辦理登記，因而開始注意民宿設立的相關事項，結果愈做愈有興趣，就在住家附近買下一棟透天厝，一樓改成會計事務所辦公室，上面則為民宿，一圓民宿夢。

善用人脈資產，找到好合作的工班，省下溝通麻煩

因為幫許多朋友申請過執照，加上愛交友的個性，讓淑芬認識了不少施工建築相關的朋友，曾是民宿經營者的客戶也會提供結構上的意見，都幫上不少忙。

而且她所合作的工班師傅人都很好，還會帶她去材料行選料、指點迷津，做出來的品質和效果也很令人滿意。因為相互信任，所以在工班的配合和溝通上幾乎都很順利，沒什麼問題。

打好鄰里間的關係，讓改造工程更順利

民宿要經營得好，與鄰居的關係就要培養好，鄰里互相幫忙在經營上是助力。由於事前有先敦親睦鄰，因此在裝修過程中所造成的不方便，鄰居們也都很體諒；熱心的淑芬甚至在施工時發現鄰居的牆有些剝落受損，就順道幫忙抹平修補，鄰居們各自禮讓，使整個社區更加和諧。

1.踢被屋的正面,可以看出一樓是民宿主人的會計事務所,右邊通道則是通往民宿,兩邊的動線是獨立的/2.樓梯也全用原木搭建,地板用堅硬的柚木製作,扶手也用樹皮切割成片做成/3.浴廁地板上也是使用原木磚做設計/4.門口走廊處用廢料做成的小桌子,拿下來也可以當作小板凳。乘涼區的椅背則是用樹皮做出來的。

客人入住之後,要接觸超過兩次以上,增加客人的好感

　　很多選住民宿的客人多半會希望能和民宿主人能有所互動,所以淑芬就算再忙,也會要求自己盡量要和客人接觸兩次以上,因為這是民宿主人的義務。不然,以住客的觀點,來住民宿卻從頭到尾都沒看到主人,感覺不是很好,會認為服務不周。淑芬說如果必須出遠門人,她寧願不做生意,也不願意讓客人留下不好的感受。

Before & After 老屋改造全記錄 | 工程篇

1 建築結構 + 格局 + 建材
善用沙發床的特性，彈性調整2+2房型

最初在房間設計上，都是以兩人房為主，所以只放一張King Size的床，但後來發現臨近羅東運動公園，附近的遊客幾乎都是家庭為主，四人房比兩人房的需求多，但房間再多一張床又太擠，於是想到了使用沙發床，如此一來兩人、四人入住都可以，且又多了一個沙發休憩區可以讓人坐在上面休息、玩樂。

選用高級木料，讓改造一次到位，減少日後維修費用

淑芬很注重房子住起來的踏實感，希望用了最好的建材增長房子的壽命，讓改造整修一次到位，減少往後維修，一勞永逸。同時，她也重視建材對人體健康的影響，因此都使用原木做建材，還堅持不

1.房間「藍朵」。可以看到床架結合了部份閩南早期的床架設計，裡面是整個墊高的區域，讓King Size的床放下去旁邊剛好可以有腳踩的空間／2.房間「紅葉」。每間房間都大量使用木頭，採光通量，住起來很舒適／3.天花板用一根木頭這樣橫擺著，就是藏音箱的最佳位置／4.牆頭的裝飾是木工師傅發揮創意做出來的作品。

用舊木頭施工，因為舊木可能會有蟲蛀問題，而且經過化學處理對人體不好。

為了降低成本，淑芬親自去原料行挑木材，買下一整根木頭當場剖面處理；又因為喜歡樹眼，挑的都是樹眼多木頭，而樹眼多的木頭容易在樹眼處斷裂，所價格上較便宜，但還是花了許多錢在買木材上。

用原木磚地板增加感，也讓客人住得舒適

踢被屋的地板使用大量的進口原木磚，不同房間用不同的顏色。原木磚又稱木紋磚，是仿造木紋和顏色做出來的磁磚，耐磨、耐酸鹼、超低吸水率，外表看起來就像木材一樣，但比一般木頭還耐撞擊，也較不易有溼氣，赤腳走在上面溫潤又踏實，所以很多客人都喜歡原木磚踩起來的觸感。不僅如此，淑芬還把原木磚拿來貼成外牆，效果非常不錯。

餐廳的桌椅也都是用改造後剩餘的木料做成的，桌面上的樹眼圖案是淑芬的最愛。

因為擔心有毒藥劑的問題，淑芬聽從木工師傅建議選了很多北美黃檜，是種木質紮實、耐用度和防腐性都非常好的木材。也因為它的防腐性高，基本上不太需要做化學處理，所以不用擔心有防腐藥劑或甲醛問題。北美黃檜的顏色會隨時間愈用愈深，而且會散發淡淡的香氣，很是雅緻。

1

卧室 + 馬桶 + 電子感應鎖
不裝床頭燈、掛上紗簾、加大睡眠空間，提升客人睡眠品質

　　淑芬對於睡覺休息的地方特別注重，因為會影響客人睡眠品質，所以不管是床四周的燈光、空間感和舒適度，都在裝潢時琢磨再三。踢被屋的床鋪是古早形式：床頭沒燈、有層半透明的紗簾，讓裡外有明顯的界線，睡覺時會較有安全感，冷氣也不會直接吹在客人身上。把床鋪架高，將整個區域都規劃成睡覺的空間，不僅空間感變大，小孩子滾下來也比較不會摔傷。

注重衛生健康，使用最新馬桶沖水技術

　　踢被屋有個全球獨一無二、超級先進的，椰子泡泡細菌阻隔機。這是淑芬的朋友多年研發出來的產品，一種不管大小便都可以有效阻隔細菌散佈到空氣中的機器。

　　一般在大小便沖水時，許多細菌會因為沖水的力道被衝散在空氣中，留在浴廁各處，很不衛生。而

1.綠竹房以綠色竹子為主要設計，從床上看過去，整間房間籠罩在一片綠意中，具有清涼感／2.使用大量的木頭打造睡眠空間，床頭也沒有燈光干擾，這都來自民宿主人非常注重睡眠處的安全和舒適所致／3.半透明的布簾讓裡外空間有所隔絕，睡覺時會較有安全感，冷氣也不會直接撲面而來／4.床頭原本是要讓木工師傅用多餘的木頭發揮創意用出有日式風味的感覺，沒想到做出了原住民風的圖騰，可能跟木工師傅是一位原住民的長老有關，看久也是滿耐看的啦／5.踢被屋在每間房間和大門都設有電子門禁鎖，需用感應的房卡才可開啟／6.上廁所前要先按清潔鈕，讓天然椰子微米泡泡水流出，上完廁所後再按沖水鍵將泡泡水跟排泄物一起沖掉即可。

這種使用天然椰子泡沫清潔劑的沖水器，能阻隔馬桶沖水時外濺，將細菌一起帶走，並在水管中好分解，增加水管的壽命。

電子感應房卡讓客人和主人雙方都方便

淑芬曾聽過朋友住民宿時，不小心將民宿鑰匙帶走，造成民宿主人有家歸不得的故事。為了避免這樣的情形，決定給客人與自己多一點自由，使用房卡感應電子鎖；如此一來，自己就不一定要在家幫客人開門，客人也不會覺得不自在，更不用怕客人複製鑰匙。

1

改建小叮嚀

③ 小物擺設可到舊材行或二手店找尋，便宜又有風味

台灣許多地方有舊材行、二手老物店，或是跳蚤市場，建議大家可以去這些地方走走，可以找到價格實惠的好東西，懷舊氣氛的營造都得靠這些物件來營造，踢被屋中的許多小物就是在這些地方找到的。

意想不到的問題，停工兩個月

老屋改建時常會遇到外表看不見的隱藏問題，淑芬就因為在施工時發現原來地基只有石頭，於是停工兩個月，重新挖深、設計，來回就多了三十到四十萬的花費。因此，最好在一開始就能多預留預算，把未知的問題花費也給一併算進預算中。

1.復古油燈，從舊貨行買來的好東西，是沒用過的新品，但很有味道／**2.**石磨復古魚缸當初在舊料行買的價格遠低於行情，且因為現在都已經找不到了，可說是相當珍貴／**3.**踢被屋提供中式早餐，料多實在，其中的「魩仔魚」還是民宿主人家的自家貨喔／**4.**造型優美的復古燈也是在舊材行找到的好物之一／**5.**怕客人吃不飽或吃不慣，也有準備吐司麵包和紅茶、咖啡可以任意食用／**6.**旁邊牆上可以看到原本老屋的鐵窗經過重新粉刷後變成的裝飾品。

民宿創業企劃書

總金額	1,460萬元
房間數	5間
建物性質	超過30年的社區民宅
各項費用	外觀硬體306萬、內部裝修496萬、軟體15萬
每年維護成本/項目	截至目前為止尚無維護支出。
旺季月份	3～9月

※購屋成本會依當地市價和時間與時機點而有所不同

選址階段

1 要鬧中取靜，離自己生活圈要近

會住民宿的人一定都是想要比較不同的住宿環境。因此,鬧中取靜的地點也是不錯的選擇,但最好還是能與民宿主人的生活圈近一點,不至於疲於奔命。

改造階段

1 外包設計時要與設計師確認木材的材質,確保品質,降低維修成本

若外包給設計師做室內設計,設計圖上的木材部分最好與設計師再三確認,因為有些設計師會基於成本考量而使用較差的木材或貼皮處理,這樣不僅無法呈現質感,也較經不起時間的考驗。

1 將所有管線集中在管線間,若有電線、水管問題方便察看

改建時,將管線集中在同一空間,若有漏水或破損,不用敲牆壁,就可以馬上追蹤觀察到問題,維修上較方便,而且若有漏水問題,因為管線並非隱埋在牆壁樓板中,也可避免其在牆壁內漫延,延長房子的壽命。

3 房間、家具設計以安全、實用,以及方便打掃為主

民宿家具最好不要有太多銳角,尤其以家庭客為主的民宿更要注意,在施工時,可以請木工師傅把邊角磨圓滑,以免小朋友受傷。房間設計不宜擺放太多東西,在設計時也需考量打掃的動線和方便性,避免多死角設計。

4 洗手台選凹槽式、可看到水管線的,不會有清潔死角

浴廁的洗手枱最好選擇用邊緣是凹槽的臉槽,才不會藏污垢。另外,下方的水管若可以看到,也比較方便維修和清潔的工作;若覺得水管外露太醜,可以用小櫥櫃的方式做遮蔽,也順便增加儲藏空間。

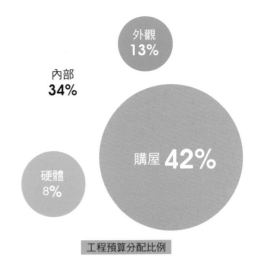

工程預算分配比例

5 工作室與民宿入口獨立動線設計

當民宿與工作室結合在一起時，獨立動線有其必要性，避免雙方互相干擾，進出的人也較單純，易於管理。

經營維護

1 多觀察客人的行為，才能真正滿足客人的需求

民宿主人要多觀察客人的行為，當某些行為常出現在不同客人身上，就有可能是客人的某種需求無法被滿足，例如：踢被屋客房最初都有很重的小茶几，後來發現客人都愛搬動它，以方便放電腦或吃東西，因此改用移動式木頭小桌

2 因地制價，在宜蘭觀光區的房價，可設在兩千到三千元間

以宜蘭地區的民宿房價和觀光客消費水準來說，雙人房的價格最好訂在兩千到三千元之間，價格在這之上或之下，必須更有特色或專攻特定族群了。

3 若民宿沒有可競爭的特色，用餐點或特殊服務增加賣點

民宿的特色說起來就是可以讓客人買單，能有回憶的特別之處，如果覺得自己的民宿比較沒特色，就在其他地方特別用心，例如：踢被屋的衛浴清潔、一次推出十三道早餐等的服務，就讓客人留有深刻印象。

養殖魚塭成為
溼地生態樂園

欖人生態民宿

台南沿海濕地放眼望去一片養殖魚塭，走在魚塭間的小路，循著一條條藍色小魚做指引，
高高的彩色風向指標就像歡迎我們來到欖人生態民宿，一個已有七十年歷史的魚塭，
周圍種了許多綠色植物，與其他沒有綠樹的魚塭成了明顯對比。
讓我們就像來到海中熱情的小島般，期望在這度過一個優閒沒煩惱的生態假期。

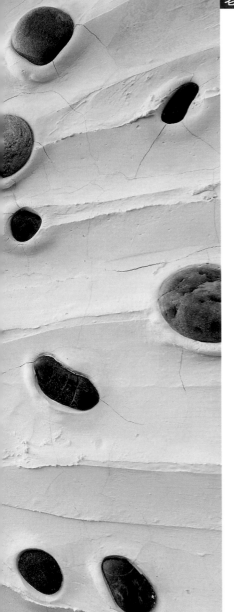

老屋變民宿info

民宿主人 阿旺與阿娟

老屋×民宿　改造項目

填土工程
魚池二合一工程
防水工程
電路管線重新配置
油漆工程
園藝植樹
探更寮重建工程
體驗活動設施
瞭望臺搭建
水上船餐廳搭建
路標指引
大門裝修
漂流木相關設施施作，如路旁圍欄，亭子…等

開業時間	2003年底
經營型態	自宅
建築前身	超過70年的虱目魚魚塭養殖場
籌畫與施工時間	一開始無特別規劃，採邊營運邊改建的方式
地址	台南市七股區十份里13鄰74-10號(金德豐漁場)
電話	0931-884146
網址	http://www.7gohappy.com

遊子返鄉×生態慢活新體驗

1. 以祖傳的魚塭改造成別具風格的溼地生態民宿。
2. 未放棄養殖魚業，每日都推出自家餐殖的新鮮魚鮮餐點。
3. 與周邊學校合作，推出在地的自然生態課程及套裝行程。

攬人的魚塭原本連一棵樹都沒有。與現在茂密綠林相差很大。

攬人是從魚塭中填土而成的民宿。

老屋民宿的故事｜一切從家有空房開始

　　在一次返鄉，看到父親辛苦地背著三十公斤魚飼料在魚塭旁工作的身影，遊子決定返鄉了；帶著全家歸鄉回來從事養殖漁業，希望能與住在老家的家人能夠相互有所照應。

　　住在這裡一段時間後，知道附近有「台江國家生態園區」，每年冬天會有黑面琵鷺南下到此處過冬，常有賞鳥人士前來，卻沒有地方讓他們留宿休息。於是家中剛好有空房的阿旺與阿娟，開始想讓他們住在這兒，沒想到村長也樂見其成鼓勵他們成立民宿，於是阿旺招集全家坐下來開個家庭會議，就此決定將魚塭和空房間，租給鳥友們住宿。

以童心打造生態趣味園地

　　檳人地處偏鄉，去商店或市區都有一段距離，剛開始經營時，怕來這邊居住的客人感到無聊，夫妻倆不斷思索如何增加客人到這裡的樂趣，因而發現自己的三個孩子總是能自得其樂，在魚塭旁自己找樂子，把無聊的生活變得有趣。

　　透過兒子們的幫忙，阿旺與阿娟開發了許多鄉土體驗設施，讓住客嘗試各種的漁村生活，例如：拿根竿子釣魚、釣招潮蟹，或是站在竹筏上靠著一根繩子想辦法把自己移動……。這些有趣的活動都是靠著兒子們的童心未泯，開發出來的體驗設施喔！

不只是經營民宿，而是經營自己的家園

　　阿旺雖然經營民宿，但並沒有放棄原有的養殖漁業事業，回鄉的生活雖然賺得少，但一家人守護在一起，共同為家園努力，賺到的是幸福的踏實感。

　　阿娟也說雖然在這裡生活了快十一年，但每天都還是能感受到不一樣的變化，例如看到月亮和星星

1.魚形裝飾在欖人無所不在，再再強化客人對欖人的魚塭意象／**2.**後來在魚塭上興建的船屋餐廳，也是靠原本填土的基礎而來，這樣填土整建的過程是一點一滴逐步完成的，所以每當回流客人或朋友再度來訪時，都可以看到欖人民宿的成長及改變／**3.**就地取材，資源再利用，把廢棄的蚌殼拿來做成燈飾／**4.**客人們在欖人民宿一點都不無聊，還可優閒的享受釣魚樂。

的夜晚、夏日藍天白雲的一隻白鷺鷥飛過、冬天候鳥經過的畫面，都會很感動；看著家園每日一景一物的變化，都是種幸福快樂。

與附近小學合作，發展在地生態課程

有一天，就讀國小的兒子拿著學校老師出的生態觀察作業給爸爸看，讓阿旺發現自己的魚塭原來藏有那麼豐富的生態，興起了民宿發展生態特色的想法，並開始重視魚塭地區的生態保護。

同時，欖人也和附近的國小交流，讓學生來這裡體驗魚塭、住宿，並了解生態環境，更衍生成整個七股地區的小學生都來這裡，參加鄉土教育和生態體驗活動行程。

Before & After 老屋改造全記錄 | 工程篇

建築結構 + 格局 + 建材
用溼黏土夯實地基, 必須靜置三年才能使用

　　魚塭間的小路只能容納一人行走，完全沒有多餘的土地建造房子。第一步就是要先填土造地，他們將原本兩池魚塭合併成一池，原先中間相隔的土就拿來填地，成為房舍擴建區域。也將房屋挑高建於魚塭之上，實加陸上活動區域。

　　夯實地基的土石來源，除了移植原先的田間小路；每到年底，漁獲收成後，魚塭會進行清淤翻土時也可順便收集利用。但要注意剛堆疊的土是不能馬上使用的，要靜置三年，地基才會穩固，房子蓋上去才不至於發生問題。

留下特殊的探更寮，讓客人認識漁村文化

　　檻人所在的附近都是魚寮，因此有養殖漁業文化特有的「探更寮」。探更寮又稱「桶仔間」，是以前築在魚塭旁供長工休息、並看守魚塭，照顧虱目

魚、打水的竹製寮。後來隨著電動打水車的普及，探更寮逐漸沒落而消失，阿旺與阿娟請人把原有的探更寮以三倍大的尺寸重建，並提供住客住宿體驗；但是後來發現有結構上的安全考量，現在就改成休憩的涼亭以純欣賞的角度來認識探更寮。

漁村文化才有的「探更寮」

欖人民宿內的探更寮，因安全考量，只讓客人以純欣賞的角度來認識探更寮。

過去，魚塭沒有電動打水系統，虱目魚在氧氣不夠時，就會浮上水面不斷掙扎張嘴呼吸，產生一種特殊的聲音，這時住在探更寮的人就必須趕緊將氧氣打入水中；這是過去魚塭才有的特殊建築。

1.為了與魚塭特色相呼應，在欖人到處可見藍色小魚裝飾／**2.**魚塭現在都已改成使用電動打水車，造成探更寮逐漸沒落而消失。

1

經營 + 魚塭
② 長輩不支持!? 有技巧地讓他接觸民宿的好處

　　剛開始經營民宿時，阿旺的父親對於自己的地方要提供給別人住宿一事，不太能接受，畢竟魚塭已是祖傳三代了，幹嘛要去搞一個多事的民宿。

　　為了讓長輩可以接受，夫妻倆把老父親帶到民宿，讓他知道民宿可以認識很多朋友，加深長輩的參與感，一段時間後，父親也逐漸開始與客人聊天，把自己的專業秀給客人聽，愈聊愈有成就感。

熱情是基本的，重點在細心、耐心，讓客人回流

　　因為熱情的招待每一位來櫃人的客人，很多客人反而因此變朋友，記得有次颱風天，客人還打電話來關心颱風天的狀況，著實讓阿旺與阿娟覺得很貼心和感動。

　　阿旺與阿娟為什麼可以留住客人的心？熱情是基本，要讓客人有賓至如歸的感覺，隨時保持笑容、

1.有著小閣樓的房間，是民宿女主人阿娟小時候的夢想祕密空間，有著小時候躲貓貓，講悄悄話，竊竊私語的童年回憶／**2.**民宿還提供教客人用漂流木做成相框的課程／**3.**小鴨鴨的家，也是自製的生態棲息地，可供鳥休息的中島，具有多重功能，平常當主人喊著「呱呱」兩聲就會出現，蓋在水上的家可以讓鴨子們清楚畫分其地域範圍／**4.**建在魚塭上的房舍，遠觀像極了綠樹圍繞的水中小島。

注重談吐給人好印象。而在心態調整上也很重要，有時候面對客人要退一步、看得開，加上一點貼心的驚喜舉動，更會讓人印象深刻。

分出淺池，客人遊玩也安全

　　魚塭除了養魚之外，在欖人還兼具生態鄉村體驗的功能，同一池中，阿旺與阿娟把池底深度畫作兩部分，養魚區的池底比較深，娛樂區的池子深度只有膝蓋的高度，遊客就算掉入水中也不會有危險。

　　魚塭水面上還飄著一個裝載鳥籠、枯木和黑色板子的塑膠筏，那是小鴨鴨的家，平常都任其四處走動，當主人喊著「呱呱」兩聲就會出現。這個奇特的竹筏還可以讓飛過來的白鷺鷥，或黑面琵鷺休息，具有多功能的生態意義。

沒有土味和腥味的養殖魚塭

許多客人都會好奇地問阿旺與阿娟：為什麼你們家的魚塭沒有魚腥味？這是因為七股靠海，這裡的魚塭都是用海水養殖，而海水養殖的細菌會比較少，且每年都會換水一至兩次，把魚塭的水抽光，經過陽光曝曬殺菌，會比較沒有魚腥味。另外，像種田會有休耕讓土地休養，養殖魚池也會有這樣的過程，讓養出來的吳郭魚或虱目魚新鮮又沒土味。

綠化種樹前，先瞭解植物的適地性

阿旺開始種樹時，只知道選擇喬木和灌木兩種，兩者簡易的分辨為：喬木是比較高大的樹木，約在五公尺以上，有明顯的樹木主枝幹；灌木則是比較低矮的樹木，在五公尺以下，呈叢生狀態。
後來阿旺與阿娟經過幾次種樹失敗的教訓後，開始學習植物生長的適地性，找尋較耐得住海邊環境的樹木品種，費時三年，才漸漸有所成果。現在目標就是好好照顧那四周有著大片葉子可撐開供人遮陽的大葉欖人樹，這同時也是欖人生態民宿的由來。

1.用撿來的漂流木做成的燈飾／2.漂流木做成的亭子。

欖人隨處可見綠樹主要是用來阻擋強烈的東北季風。

3
施工小叮嚀

靠海魚塭植樹綠化，兼作防風林

以前魚塭沒有人喜歡種樹，因為落葉會掉入池中，造成養魚的困擾。阿旺與阿娟卻堅持種樹，從沒有經驗，種了一千棵樹只活了四棵，到現在一片綠意，可說是十年有成。

這片綠意不僅可阻擋強烈的東北季風，讓後方房子得以受到保護和保暖，還可改善地表的體感溫度，並有綠化的效果，使建築物看起來不再那麼硬梆梆。

免費的漂流木材是最好的造景和建築用材

漂流木是靠海民宿的最佳免費資源，尤其是颱風天過後，阿旺常常推著拖車、帶著工具，跟兒子出發去海邊撿拾漂流木，欖人藉除了在房間裡外到處都可以看到漂流木的蹤跡，家具、路旁欄杆、扶手外，還提供漂流木製作教學，可以教房客把木頭做成相框和叉子。

民宿創業企劃書

總金額	2,000萬元
房間數	8間
建物性質	自家土地農舍改建成的民宿
各項費用	外觀硬體1,400萬、內部裝潢400萬、軟體200萬
每年維護成本/項目	50萬(含外觀防腐蝕及維修)
旺季月份	寒暑假及冬天

選址階段

1 自己的老房子比較敢投資做改變

如果用自有地和房子,比較敢砸重金把地方整理好。如果有心想創造自己夢想的老屋民宿,唯有自己親身投入,將自己的DNA融入其中,才能有屬於自己的故事。

改造階段

1 有綠化讓環境加分,可柔化硬梆梆的建築物

綠化不僅可阻擋東北季風襲來時的強風,讓後方房子得以受到保護和保暖的功效,還可改善地表的體感溫度,有了綠化的效果,建築物看起來也不再那麼硬梆梆。

2 填土造地要注意地基的穩固性

魚塭改造時最缺的就是土地,因此填土造地時要注意剛堆疊的土不能馬上使用的,必須靜置至少三年時間等待,讓夯土變乾、變硬、變紮實,這樣地基才會穩固。若是用一般沙土來堆疊地基,雖然時間可以很快就完成,但穩定性不夠好,不適合當地基來使用。

3 免費的漂流木材是最好的造景和建築用材

漂流木是靠海人家的最佳免費資源,尤其是颱風過後更是撿漂流木的好時機,存放室內通常可以保存很久。漂流木除了可用來做成家具、路旁欄杆、扶手外,還可以做成相框和叉子。

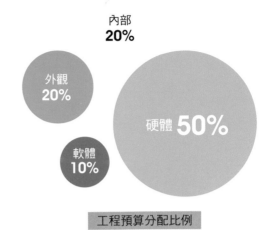

內部
20%

外觀
20%

硬體 **50%**

軟體
10%

工程預算分配比例

經營維護

1 魚塭換水、加裝紗窗，防止蚊蠅滋生

由於檳人的魚塭是用活水、海水養殖，水一直有在流動，且鹽分也高，蚊子較難生存，所以比較不會有蚊蟲問題。另外，屋子裡的門窗都有加裝紗窗，可以避免蚊子飛入，每間房間也都有放捕蚊燈，所以檳人的蚊蠅並不多。

2 得體的言行儀容，讓客人留下好印象

人都有第一印象的反射，如果可以有得體的儀容、熱情的態度，並時時保持笑容，親切迎人，給客人賓至如歸的感覺，在客人心中絕對會留下好印象。

3 結合生態教學的發展特色，可增加民宿的賣點

生態民宿常位處偏遠，為增加客人到此的樂趣，可開發如：拉竹筏、養魚體驗、生態體驗套裝行程……等親子同樂活動，發展出自己的特色。

4 在來電預約時，先告知民宿屬性，替客人做好心理建設

不是每位客人都可以接受生態型民宿，為了避免與客人的期待有落差，可以先幫客人做好心理建設，請客人務必先上網看過民宿的環境照片和屬性後再決定。

申請篇

專家教你合法的
老屋改民宿必學法令課

最常遇到的就是民宿申請人對於民宿管理辦法不熟悉，
對民宿定義不了解，導致申請不通過，下列為特別注意事項。

專訪／楊文仁(醒吾科技大學觀光休閒系副教授)

申請老屋必先讀「定義」？

民宿管理辦法：第三條

本辦法所稱民宿，指利用自用住宅空閒房間，結合當地人文、自然景觀、生態、環境資源及農林漁牧生產活動，以家庭副業方式經營，提供旅客鄉野生活之住宿處所。

專家解釋：這裡要注意是要用「自用住宅空閒」，並「結合」其相關活動，因此在申請時，要提出與法條中規定的相關活動有關連。

民宿管理辦法：第五條

民宿之設置，以下列地區為限，並須符合相關土地使用管制法令之規定：
一、風景特定區。
二、觀光地區。
三、國家公園區。
四、原住民地區。
五、偏遠地區。
六、離島地區。
七、經農業主管機關核發經營許可登記證之休閒農場或經農業主管機關劃定之休閒農業區。
八、金門特定區計畫自然村。
九、非都市土地。

專家解釋：申請民宿時，用哪種土地的使用種類去申請和解釋也很重要，最常遇到的是在都市土地內的老屋，買或租之前要先查閱建物是否在劃定的觀光地區內，若是，則用觀光地區的土地規範去解釋、申請也是可行。

> 在民宿改裝建造階段，民宿管理辦法第五條到第十條都是針對這方面的說明，須特別注意。

通常審查民宿的時間會需要多久？

各縣不一，須參照各地主管機關的規定。但常見影響申請時間的長短，以民宿主人不熟悉申請流程，申請資料未備妥，需要補件而拉長申請時間為主要因素。

通常送件後，依照各地主管機關處理事情的習慣不一，約半個月至一個月間會收到主管機關的初步回應，接著資料備妥後才會會集相關單位協同前往民宿做實地稽核。

申請文件——
民宿管理辦法：第十三條

經營民宿者，應先檢附下列文件，向當地主管機關申請登記，並繳交證照費，領取民宿登記證及專用標識後，才能開始經營。

一、申請書。

二、土地使用分區證明文件影本（申請之土地為都市土地時檢附）。

三、最近三個月內核發之地籍圖謄本及土地登記（簿）謄本。

四、土地同意使用之證明文件（申請人為土地所有權人時免附）。

五、建物登記（簿）謄本或其他房屋權利證明文件。

六、建築物使用執照影本或實施建築管理前合法房屋證明文件。

七、責任保險契約影本。

八、民宿外觀、內部、客房、浴室及其他相關經營設施照片。

九、其他經當地主管機關指定之文件。

補件——
民宿管理辦法：第十六條

申請民宿登記案件，有應補正事項，由當地主管機關以書面通知申請人限期補正。

駁回(不成立)——
民宿管理辦法：第十七條

申請民宿登記案件，有下列情形之一者，由當地主管機關敘明理由，以書面駁回其申請：

一、經通知限期補正，逾期仍未辦理。

二、不符發展觀光條例或本辦法相關規定。

三、經其他權責單位審查不符相關法令規定。

民宿牌照有使用期限嗎？

無，但目前民宿管理法規可以申請暫停或變更。另外，經由他人舉報，主管機關查證後確認違反相關規定，主管機關得讓民宿登記證失效，除此之外，除非政策改變，不太會有民宿登記證失效的問題。

變更——
民宿管理辦法：第十八條

民宿登記證登記事項變更者，經營者應於事實發生後十五日內，備具申請書及相關文件，向當地主管機關辦理變更登記。

當地主管機關應將民宿設立及變更登記資料，於次月十日前，向交通部觀光局陳報。

暫停營業——
民宿管理辦法：第十九條

民宿經營者，暫停經營一個月以上者，應於十五日內備具申請書，並詳述理由，報請該管主管機關備查。

前項申請暫停經營期間，最長不得超過一年，其有正當理由者，得申請展延一次，期間以一年為限，並應於期間屆滿前十五日內提出。

暫停經營期限屆滿後，應於十五日內向該管主管機關申報復業。

未依第一項規定報請備查或前項規定申報復業，達六個月以上者，主管機關得廢止其登記證。

一般民宿VS特色民宿VS好客民宿有什麼不同？申請的差異性？

在申請民宿時可以選擇「一般民宿」或「特色民宿」做為申請的選項，兩者最大的不同在於合法客房數和總樓地板面積，前項以客房數五間以下，且客房總樓地板面積一百五十平方公尺以下為原則；後項則是須位於原住民保留地、經農業主管機關核發經營許可登記證之休閒農場、經農業主管機關劃定之休閒農業區、觀光地區、偏遠地區及離島地區之特色民宿，得以客房數十五間以下，且客房總樓地板面積

二百平方公尺以下之規模經營之(可參考民宿管理辦法第六條)，且一次只能針對一種民宿選項做申請。

特色民宿申請辦法

「特色民宿」的認定是由當地主管機關認定，而各地區的地方政府都有各自不同的發展重點，所以在申請民宿時，要查清楚當地政府主要推動的特色活動為何，再針對其當地特色做不管是經營操作上、建築外觀上、軟硬體設施上的發展會比較容易被當地政府認定為特色民宿。

好客民宿評鑑辦法

「好客民宿」則是交通部觀光局想推動、屬於優質民宿的評鑑認證，條件是必須要先是合法民宿後才可申請。

有其獨立的評鑑機制，如果想申請成為好客民宿，交通部觀光局會派專門的評鑑小組去現場實地審查包含客房設施、隱密性、環境安全……等十多項，過了一定的標準以上才會核發認證，像是官方的民宿品質認證。

申請過後也會有不定期的查核，若查核沒過也是會被取消認證的，考驗的是民宿主人自我規範的能力。其帶來的好處是形象上的加分，有利於行銷和客人對其的信任。

哪些建築體算違建？

買老屋時要若有違建部分就很難申請為民宿，所以要特別注意房子的違建問題。若變更設計、二次施工、與原核准使用內容不同者，違反建築法規之新建、增建、改建、修建情事時都算違建。

判定違建若會有難度的話可先申請地籍圖謄本，然後請建築師協助，畢竟各地方法規、都市計劃不同，針對較專業的建蔽率和容積率問題有時還是會需要專業人士的幫忙。

關於民宿與設備相關的規定可參考下列條文。

樓地板－民宿管理辦法：第七條

民宿建築物之設施應符合下列規定：
一、內部牆面及天花板之裝修材料、分間牆之構造、走廊構造及淨寬應分別符合舊有建築物防火避難設施及消防設備改善辦法第九條、第十條及第十二條規定。
二、地面層以上每層之居室樓地板面積超過二百平方公尺或地下層面積超過二百平方公尺者，其樓梯及平台淨寬為一點二公尺以上；該樓層之樓地板面積超過二百四十平方公尺者，應自各該層設置二座以上之直通樓梯。未符合上開規定者，依前款改善辦法第十三條規定辦理。
前條第一項但書規定地區之民宿，其建築物設施基準，不適用前項之規定。

消防－民宿管理辦法：第八條

民宿之消防安全設備應符合下列規定：
一、每間客房及樓梯間、走廊應裝置緊急照明設備。
二、設置火警自動警報設備，或於每間客房內設置住宅用火災警報器。
三、配置滅火器兩具以上，分別固定放置於取用方便之明顯處所；有樓層建築物者，每層應至少配置一具以上。

衛生－民宿管理辦法：第九條

民宿之經營設備應符合下列規定：
一、客房及浴室應具良好通風、有直接採光或有充足光線。
二、須供應冷、熱水及清潔用品，且熱水器具設備應放置於室外。
三、經常維護場所環境清潔及衛生，避免蚊、蠅、蟑螂、老鼠及其他妨害衛生之病媒及孳生源。
四、飲用水水質應符合飲用水水質標準。

專家給老屋民宿改造者的5大建議

很多民宿業者只為了開而開，若能經過更全盤性的考量，就能夠將民宿做到精，也更加事半功倍，因此在這裡，整理出了五點給老屋民宿改造者的建議，您也可以依照這五點的思考邏輯順序去規劃您的民宿。

Point1 了解法規：民宿管理辦法、發展觀光條例、建築法規

這是其中最重要的一點，因為相關條例就是明文規定在那，是這幾項中唯一沒有變動彈性空間的部份，所以必須對相關法規清楚了解，才不會白做工。

Point2 經營理念：綠色、永續、人文、生態

民宿主人首先必須先思考自己想做什麼？想要什麼樣的生活方式？這會構成其最重要的經營理念，建議盡量與綠色、永續、人文、生態這幾個面向有關連，會比較符合法規中所說「結合當地人文、自然景觀、生態、環境資源及農林漁牧生產活動，以家庭副業方式經營，提供旅客鄉野生活之住宿處所」。

Point3 特色營造：顧客＞＞服務＞＞價格

在想民宿的發展特色時，透過顧客＞＞服務＞＞價格這樣的思考邏輯，從市場面先考慮，了解顧客族群，再去考量相對應的所需服務和價格設定，會比較貼近市場需求面，進而發展出較易讓人接受和喜愛的特色。

Point4 保留老屋之故事：確保建物安全無虞之施工、勿過度裝修

老屋最寶貴的地方就在於這間房子的故事，所以在確保建物安全無虞的前提下施工，適當的保存老屋老物的老味道及故事性，就是獨一無二的特色展現，盡量避免過度裝修的情形。

Point5 善用政府之輔導資源與認證

民宿主人應該多加利用外界的許多資源借力使力，如透過政府的好客民宿認證，就可利用政府的推廣下，在行銷上多所曝光，另外，若與當地政府推動觀光上的主題可以結合，當政府在辦活動時，也絕對是民宿業者可以共同行銷宣傳的好機會。

心得篇

民宿主人的10大私房經驗談

民宿經營在特色

台灣民宿數量極多,已出現若沒有特色就難以經營下去的局面,因此除了地點、交通和其他外在環境、民宿主人的長才吸引力外,建物最好還要有自己的歷史故事,找老屋進行改建的好處就是常常因此衍生出與眾不同的民宿特色。

民宿要拿來投資賺錢很難

合法的民宿有房間數量的限制,要以五間房間做投機性的高報酬投資真的不是件明智之舉,且民宿也沒想像中好經營,除非是以房間數更多的旅館型式經營,否則不建議以民宿當作短期投資標的。

創業後的現實生活非常忙碌

民宿生活在一般人的腦海裡彷彿就等同美好的退休悠閒生活,所有的主人都說在自己真的成為民宿主人後才會發現現實落差很大。主人不僅要打掃房間、管理訂房、接待客人、準備早餐、負責所有民宿相關事宜,等於時間幾乎都被綁在民宿內,且當住房率高時,民宿主人也沒有了假日。

裝潢設計一複雜,整理工作就辛苦

民宿也因為是主人的另種圓夢生活,所以常常在空間設計規畫時想很多,但其實都有可能是多餘的,常會造成房間整理上的不便,因此,建議在一開始要愈簡單愈好,不要想太多,先以基礎開始思考,慢慢往上添加,會是較省時間和成本的做法。

要找到讓自己放鬆的方式

民宿主人其實和其他行業自行創業者一樣,都存在經營的風險和壓力,且因為經濟規模不大,雇請員工也容易造成財務上的吃緊,一不注意就會繃得太緊,而失去初心,因此,要找方法調適自己,例如自訂公休日,讓自己在休息和賺錢中找到平衡點。

大部分的民宿主人開民宿都是「剛好」的緣分,剛好遇到了這間房子,附近剛好有這樣的需求,剛好來到此地玩,剛好認識了某位朋友,就這樣順其自然的開了民宿,因此,開民宿不要急,就讓他自然而然的出現在你的生命中吧!

老物的取與捨要看現實條件

將老屋改成民宿時,常存在老屋裡的特色裝飾和物件都已損毀不堪,不知道該不該保留。這時候可依據以下幾點考量重點:

1.住宿品質:民宿是住宿空間,

因此若會干擾到宿住品質，如無法抵擋的窗戶房門噪音，或危急住宿上的安全，例如陽台欄杆，還是必須加以捨棄，以效果較佳的新材質取代。

2.維修成本：有些老物零件已經很難找到，或技術失傳，造成修復成本極高，建議放棄保留與修復。

3.歷史價值意義：當老物對於房子來說已是種精神寄託時，那就無論如何都必須保留了，縱使不具功能性，單純擺放裝飾也是可以。

工班不好找，找到好配合得更不簡單

工班難找、溝通上的障礙幾乎是大部份民宿主人都遇到的問題，在這裡有三點建議：

1.透過介紹找尋工班：除了親朋好友介紹，透過工班介紹工班也是不錯的方法，因為工班間彼此認識，合作間的默契也較佳。

2.自我充實基礎知識：自己多下點功夫學習建築相關知識不僅有利於監工和溝通，也可以替自己找到較省錢的施工方式。

3.簽合約：一定要簽訂確保雙方權利和義務的合約，尤其是交屋日、工程保固更應該寫在合約中，雖然有些可能只會是形式上的動作，但是簽了總比沒簽好，也算是一份白紙黑字的保障。

想要省錢就要很會撿東西，回收再利用

當一些特定材料或是老味道的家具裝飾難取得時，如何撿好東西？去哪撿好東西？就是重要竅門了。

舊貨行、資源回收場、二手跳蚤市集、路邊在拆遷不要的舊家具堆、廢棄老屋、路邊都是撿東西的好地方，若靠近海邊，在颱風天就是撿到漂流木的好機會。還要學習如何分辨好東西，例如漂流木透過香氣和顏色分辨木材種類？三隔木窗和四隔木窗哪個比較稀有？木頭撿回來最好做過防蟻防水等相關處理，也都各自是一門學問呢！

低預算的不二法門——自己動手做

改造民宿遇到經濟吃緊的狀況時，除了用時間換取金錢外，也可以自己動手做，雖然以自己的人力成本換算看起來，並不會因此而便宜多少，但就現金流量來說，確實減少了一筆支出。

成本評估篇：經營成本預算評估

　　若以整體台灣民宿平均價格來看，雙人房平日和假日的價格分別為2000元和3000元，四人房平日和假日的價格分別為3000元和4000元，以這樣的價格做為民宿經營成本的預估，就可以大概知道自己預計投入多少錢和需要花多久時間才得以回本。

可按照下列公式計算：

・月收入＝(2000×N間＋3000×M間)×每月平日平均住房率天數＋(3000×N間＋4000×M間)×每月假日平均住房率天數

・月經營成本＝房屋租金(有租房子的話計算)＋電視網路費＋(150元水電費＋200元清潔費＋80元備品費) ×個別房間每月入住天數的總合+50元早餐費×每月總入住人數

※備註：水電費以150元/間，清潔費以200元／間，備品費以80元／間，早餐以50元／人估算

・月獲利＝月收入－月經營成本－維護費用－管理費用(主人薪資)
・月獲利×可忍受投資期(以月計算)≧投入成本

老屋做民宿實戰Q &A

Q1 老屋改造真的比較便宜嗎？

A：省不省錢要分成「經費成本」與「時間成本」兩方面來看：

現在適合的土地難尋，幾乎都要買農地來自建，而且有的縣市規定購買農地要滿兩年，才能改建成民宿，等待時間和經營門檻變得比較高，加上營造資金至少要三、五千萬以上的預算規劃，而現成老屋通常會位在交通還算方便的地方，用老屋改建民宿比較符合時間與經費的經濟效益。

但是老屋改造的維修費和改裝費有時也是不小的數字，因為有些狀況並不是眼睛看的到的，甚至要拆除或是經營半年至兩年的時間後，問題才浮現出來，若想避開這樣的問題，最好在一開始就將整建工程一次做到位，該換的都全換新，以免往後還要挖開水泥補漏水等的修補麻煩。

因此光是室內裝潢整理的花費幾乎和新屋差不多；有時為了考慮要不要保留哪些老物，耗費的心力比較大，不確定性較大。

Q2 租屋要簽多長合約比較划算？

A：投入資金更低的方式就是用租屋來做民宿，但因為老屋要經過一番整修才能提升到可以成為營業用的民宿，建築硬體整修資金將來是沒辦法帶走的，所以在跟房東簽訂契約時，最好可以一次簽約就談至五到十年以上，讓整修資金在這段期間回本。

房東人在國外長住、或是幾乎用不到這棟房子的房東，都是會簽下長期租約的人，房東也通常較放任你去大肆更動房子；且在與房東溝通時，可用幫房東整理房子的立場談判，以期達到雙贏的局面。

Q3 家傳的古厝適合嗎？

A：承接長輩或家族留下來的古厝最常發生的狀況是晚輩都已不住在此，因此透過重新整修此處做為民宿也是種活化老屋再生，保存有深刻回憶的老物，建物天生就有故事性。

不過，這類房子幾乎都有嚴重建築破壞的現象，甚至有結構傾倒的問題，最好要找建築師合作整建，不要貿然自己找工班改建。

Q4 法拍屋也能是好目標嗎？

A：法拍屋通常是透過地方居民或上法拍網站接收到相關資訊，可以低於行情的價格入手，有時候一塊一直沒有人買的土地或房子也會忽然消失，過了一段時間就又以更低價出現在網路上，這些都可以好好觀察，搶到划算的好物件。

在購買法拍屋之前，一定要實地場勘過，並旁敲側擊取得房屋狀況等相關資訊，做好審慎評估再下手，不要看到超低價就見獵心喜，衝動行事。為了確保法拍屋的所有權人合法性和避免後續麻煩，最好選擇有法官點交的物件，也可透過銀行貸款購買法拍屋。

Q5 老屋建築一定有很多問題？

A：老屋大部分都有久沒居住或長久使用的損壞問題，有些甚至在意想不到的地方有偷工減料的狀況；當然也有老屋當初建蓋時用料極好，根本不用大幅整建，所以了解建築前身的歷史（例如銀行建築），與房屋擁有者的背景，都有助於深入了解建築堅固性；或是請來結構技師與建築師來審核，也是安心的辦法。

Q6 自己幾乎沒有預算，要怎麼擁有民宿？

A：認識有錢有地有房子的人也可以一圓你的民宿夢。先準備一份你的民宿經營企劃書，總有機會遇到剛好有閒置的老屋和願意投資做民宿的朋友，採取「民宿管理人」的身份，就有機會實現你的民宿夢。

Q7 旅客真的會喜歡老屋陳舊的居住環境嗎？

A：民宿數量與品質已經進入戰國時期，反而是有特殊背景的「分眾」才比較容易受到注意，有些老屋依其所建年代展現出來的美感，看來具有七、八〇年代的復古風，特意彰顯的老物風情，可以看出物品的歷史價值，反而受到一群熱愛復古風潮的消費者喜愛，他們根本不覺得建築「舊舊的」是問題。

科技+風尚+健康

跨界合作創新科技，
打造時尚衛廚空間

台灣衛浴界名牌HCG和成欣業，長期在衛浴與廚具市場佔有一席之地，近年更帶著先進複合材料、研發智能技術與產品服務，跨足到空間安排建議、住宅設備等相關領域，滿足對於生活空間的更多需求。而近期開幕的台北內湖旗艦展示中心，即展現了創新的企業精神。

採訪／美化家庭編輯部　設計暨圖片提供／和成

1.台北旗艦店展出各項明星商品如最新的超級馬桶，以及其它可循環節約試水的節能智慧衛浴設備。／**2.**台北旗艦店展場以LED燈、海洋藍為主色調，體現綠色環保、創新科技設計的宗旨。

自1931年由創始人邱和成先生於陶瓷重鎮鶯歌創立「和成」以來，至今憑著83年的經驗，在多角化經營之下，蛻變為結合精密科技的現代企業。

1 新科技
震撼旗艦店：先進設備技術一次體驗

和成HCG斥資5千萬、佔地5百坪的台北旗艦展示中心，座落於內湖行善路398號，連結了居家設備搭載創新科技的概念。在展示現場可以見到多年研發的努力及成果，例如在原有的精密陶瓷技術基礎下，與中科院共同研發抗彈科技陶瓷，而碳纖維複合材料則可以多元運用在生活用品上。

除了在衛浴陶瓷起家產品上精進跨界研發之外，更將「O+聲光觸控」科技融入生活，整合自動化技術、數位家電、網路、遠端控制及安全監控，控制居家燈光和設備只在彈指之間，實現人們對智慧家居便利生活的期待。

2 有風格
代理歐美廚具，各領居家風潮

近年廚房成為感情交流核心，因應不同家庭需求與風格，和成亦代理引進國外頂級廚具，包括北美最大居家品牌MASCO集團的Merillat美睿廚具，以及義大利質感收納並重的BERLONI廚具。Merillat廚具代表北美崇尚自由與陽光的性格，提供多種櫥櫃風格和不同組合形式，給予使用者多元的選擇權，決定最適合自己居家的生活方式。

而BERLONI廚具則充分展現義式設計獨有的色彩、材質、創意搭配，透過嚴選生產材料、設計研發人才，每件設計都可感受獨特性格與時尚品味，提升廚具技術與工藝臻於完美。

和成展示中心

台北旗艦店：台北市內湖區行善路398號1樓 02-27925511#261
苗栗廚藝生活館：苗栗縣頭份鎮中央路680號 037-630286
台中展示中心：台中市北區文心路4段168號 04-22990990
官網：www.hcg.com.tw

1.2.水龍頭有銅質、不鏽鋼、陶瓷三種材質可供消費者選擇，在小細節都能滿足不同生活習慣與風格。／**3.**北美Merillat美睿進口廚具，提供自由組合方式，演繹優雅廚房。／**4.**義大利廚具BERLONI，著重充實的收納空間與動線規劃，完美融合時尚居家元素。

3 最衛生
鉛溶出量過高會危害健康，浴室衛生更進步

照顧家人身體健康，就要從衛浴空間開始。和成推出「無鉛龍頭」，符合CNS 8088水龍頭國家規範，更以高標準確保國人遠離重金屬所帶來的危害。創新產品「生物光能龍頭」，利用出水時的水力發電，驅動LED發出紅光，使生物能材料透過光照射傳導，不僅降低水中氯氣，還能加強人體血液循環、促進新陳代謝。談到衛浴設備主角，廣受好評的「超級馬桶」，採用無縫接合的陶瓷材質，不藏汙納垢好清潔，能自動閉蓋並啟動活性炭脫臭，另有長度70公分的小型尺寸可供選購。

賀HCG再次榮獲「消費者心目中理想品牌第一名」
〈該調查連續進行30年，和成年年第一〉

品味時尚 享你所想

HCG亮麗你的生活

83年不斷的創新 淬鍊非凡的成就

科技陶瓷多角化研發・和成除了瓷銅器的製造，更走向科技陶瓷的多角化研發---抗彈陶瓷、精密複材

全方位多元化經營・和成全方位的住宅設備，也走向多元化經營---代理Merillat〈美睿廚具〉、
BERLONI〈寶隆尼廚具、衛浴〉、KERAMAG等國際一流知名品牌

新一代的衛廚精品領航・2014年HCG斥資5,000萬，於內湖建造了500坪豪華旗艦展示中心，全台最
時尚的展館、最環保科技的宏觀設計，將領航新一代的衛廚精品

設計觀點

Artificial stone possibilities

隨著休閒生活愈發趨於精緻化，消費者對於出外遊玩落腳的旅店，從五星級的水準，
發展到量身訂做的民宿，就是希望玩的悠閒之餘，住的也可以輕鬆自在，隨心所欲。
然而業者在消費者隨心所欲的當下，要如何貼心而到位的規劃室內設計？！這又是一
番精心巧思的創意表現了！

美國MYSTERA美石蒂花人造石　開創設計無限可能

從家具到造型，民宿業者無不推陳出新紛紛推出主題風格，然而在特定的語彙包裝下，材質的精挑細選，才是讓每一位客人賓至如歸的最佳利器，也是讓空間直接升等的最佳王道。從訂製到品牌，皆是口碑與傳承的故事，於此，我們從最貼近肌膚之親的衛浴空間說起，阿爾砝形象國際有限公司將帶給您視覺與五感截然不同的感知體驗…

文= 孔婕瑀　空間設計暨圖片提供=阿爾砝形象國際有限公司（03-397-4990）

美國MYSTERA美石蒂花人造石　　優於天然石材的特性

阿爾砝形象國際有限公司行銷總監謝玉璿表示，石材的特性在於樸質大器與紋理自然的呈現，所以成為空間設計裡的必備媒材，居家或商業空間皆是如此；「我們於1999年即與美國人造石MYSTERA合作，隨著人才不斷的到美國培訓、技術研發，發現人造石不僅可以取大理石的質感，同時具備特質更優於天然石材。」

因為天然石材取得有限，好的紋理也難尋得；阿爾砝形象國際有限公司取得美國MYSTERA美石蒂花人造石的代理權，希望將其可塑型、具天然紋理、抗菌、抗酸鹼、無接縫、無毛細孔的特性，與天然石材需刻意保養、維護、不耐酸鹼的特質大反其道，可以說是完整的顛覆目前現有的大理石市場，替消費大眾重新定義對於石材的需求與認知。然而這類的產品，多可表現在吧檯、桌面、TV櫃、玄關櫃…等，檯面的設計上，可塑型的特質，更可以成為空間中造型創意的首選材料，替設計創意開啟新的扉頁。

衛浴空間的設計概念

由於傳統設計中，即使再怎麼喜愛大理石的特殊紋理質感以及大器樸質的意象，也鮮少將之規劃在較為潮濕的衛浴空間當中；美國MYSTERA美石蒂花人造石將顛覆您對於石材的看法，透過其具有可塑性、抗菌的特質，所以可以被精準的運用在衛浴空間的浴缸設計及檯面設計上，行銷總監謝玉瓔表示：「其實美國MYSTERA美石蒂花人造石運用的範圍非常廣泛，但是簡單來說，只要是空間場所是擔心潮濕、細菌等問題，皆可放心使用。不僅具備自然的紋理，同時材質的整體表現上，更優於市場上的天然石材。

一般衛浴空間即使通風設備再優、乾燥程度更甚，也絕少使用天然石材，因為多少考量到保養、維護等問題；美國MYSTERA美石蒂花人造石具有大理石的質感、人造石的耐用，維護保養上非常方便，可以透過阿爾砝形象國際有限公司的專業人員到場進行拋光、保養，產品立即煥然一新，且可以重複使用，目前台北洛基飯店即是使用美國MYSTERA美石蒂花人造石系列產品，作為衛浴空間的設備使用。

具備多樣化的貼心服務

就像天然石材一般，美國MYSTERA美石蒂花人造石也是具備多元化的選擇性，國外目前發展到百種以上的顏色，目前台灣雖只引進9色，但是絕對可以滿足消費者取代對於天然石材的需求。除了顏色、紋理的表現之外，設計上也可以克服許多大理石材無法深及的問題，如厚實、笨重、無法塑型、毛細孔粗大、難抗菌，尤其還要擔心運送過成的損耗問題及現場施工等各項問題；「我們有近600坪的人造石加工廠，導入自動化電腦裁切作業，並搭配專業運送團隊所有人造石創意設計皆在此從平面設計成為立體效果，將不可能轉變為可能，所以不必擔心配送過成的損耗或現場施工等問題。」

空間生活與藝術美學的到位表現

行銷總監謝玉瑢表示，以台灣目前現有的人造石市場來說，人造石品牌有美國、韓國、大陸，其中美國MYSTERA美石蒂花人造石與杜邦人造石Corian列於同一產品等級，但美國MYSTERA產品的穩定度與搭配的先進設備科技技術，是最受設計師、建築師們的青睞，也是阿爾砝形象國際有限公司最有把握執行的產品。

現今阿爾砝形象國際有限公司所經營的方針將跳脫OEM代工模式，轉而朝向ODM發展，增進設計端實力，像是已經運用於部分高鐵站的紅色人造石座椅外，也朝向飯店雕塑品、公共裝置藝術設計等各方面著手進行，目的是希望藉由藝術，讓消費者體現產品更多的可能，也將阿爾砝形象國際有限公司的規劃主軸範圍擴大，深入室內設計，擴及公共領域，利用人造石創造更多的美學涵養，與空間契合不悖、與生活息息相關，深掘五感感知的感動，開創更豐沛的創意可能！

圖 DESIGN NOTE

阿爾砝形象國際有限公司

地址 ｜ 桃園縣龜山鄉樹人路155之1號
電話 ｜ 03-397-4990
傳真 ｜ 03-397-0262
信箱 ｜ gisbocasa@gmail.com

再吵的聲音，關上門立刻變清靜！

台灣的民宿創業潮有越來越興盛的趨勢，甚至連不少藝人都一圓下鄉開民宿的夢想，而且砸千萬建造費的民宿主人比比皆是，顯示民宿品質正往精緻的方向提升。但是，好環境也要搭配對的建材才能相得益彰，以最容易被忽略的隔音問題來說，不小心就會變成好服務中的瑕疵，在建造之初為民宿選擇好的隔音門，才能稱得上是連看不見的細節都照顧到的頂級服務。

藍鯨隔音門　提升民宿服務品質首選

身為民宿主人的你，是否對以上狀況感到熟悉呢？花了好幾千萬打造的頂級民宿，為房間配備了3D電視與高級音響，卻因隔音不佳讓名聲被打了折扣，真是一點也划不來的事！其實，隔音問題在客人尚未進住之前，是不會被發現的！也無法透過眼睛觀察得知，所以很多主人在民宿建造之初，常會忽略了隔音的重要性，以為買了昂貴、厚重的門或是一般隔音門就解決了隔音問題，殊不知魔鬼就藏在細節裡，許多關於隔音門的選購訣竅，就讓隔音門專業廠商「藍鯨」來告訴你：

採訪／黃貞菱
資料暨圖片提供／藍鯨國際科技股份有限公司

⚠ 民宿噪音狀況一：

已經到了晚上休息時間，但有些房客的小孩還在走道上奔跑，其他客人紛紛來投訴，好尷尬啊！

⚠ 民宿噪音狀況二：

有的客人想在房間和情人共渡浪漫的夜晚，但其他客人卻還在高唱卡拉OK，真為難啊！

⚠ 民宿噪音狀況三：

有的客人喜歡在房間看DVD，聲音卻開的超大聲，讓其他房間的客人被強迫一起聽劇情，真不好意思啊！

圖 挑選訣竅01：【聽一聽】

隔音效果一級棒！專業實驗室讓您耳聽為憑

挑選隔音門的第一關，當然就是要親耳聽看看隔音效果，尤其隔音門和空間用途息息相關，以藍鯨公司這樣的隔音門專業廠商來說，每年皆投入大筆經費深入研發隔音門款，對於隔音門的分類相當要求，細分為：臥室用、走道用、視聽室用、樂器室、練團室用等，細膩的專業分工是其他隔音門公司難以追隨，雙氣密隔音結構，鋼製骨架針對低頻、高頻填充不同隔音材質，通過成功大學、海洋大學隔音測試，可降53分貝噪音量；自動下降門擋設計，更是連門下細縫都密合，除了噪音甚至是外頭的風切聲、氣味都一律被隔於門外，特別的是，藍鯨公司展示中心內的隔音視聽室，讓你在打開音響的隔音門內外感受，更能耳聽為憑，真正了解隔音效果。

圖 挑選訣竅02：【摸一摸】

講究細節品質佳！鋼骨架與可調式鉸鍊堅固耐用

很多人以為買了厚重的門就是隔音效果好，但藍鯨公司表示，有時候需出蠻力推動的門可能不是重，而是鉸鍊設計不夠流暢造成的「卡門」，所以在選購時一定要在門市現場親自試開門片，開關輕鬆、不費力關門、不回彈的才是高品質的隔音門。此外，藍鯨公司隔音門採三度空間重型鉸鍊設計，如果遇到地震導致門片歪斜，也只要微調鎖式鉸鍊，上下左右調整間隙即可回正，避免發生一般傳統焊接式鉸鍊需將門完全卸下、重新安裝的麻煩。

圖 挑選訣竅03：【看一看】

搭配風格變化多！客製化服務表現主人品味

品質與細節滿足了頂級客層的要求之後，在隔音門的外觀設計感上，藍鯨公司更是位居市場領導地位，光是表面材就分成皮革、木紋板、烤漆、石材等上百種款式可選，甚至接受室內設計師的特別訂製，讓門裡外採用不同的表面材來搭配風格，讓空間設計更具整體性。除此之外，可針對不同的隔音門使用性，選配五金門鎖、日本進口頂級加壓把手等配件，多種的鎖具選擇，讓使用更符合人性化需求，也提供60A防火測試報告，讓隔音門不僅堅固耐用、深具品味又安全無虞。

圖 BEST BUY

藍鯨國際科技股份有限公司

藍鯨 Blue Whale

台北內湖展示中心
地址：台北市內湖區安康路 28-8 號
電話：02-27936281
www.jmss.com.tw (台灣)
www.jmssblue.net.cn (大陸)

上海	+86-139-1701-4179
蘇州	+86-138-6215-3232
杭州	+86-0571-8879-9085
嘉興	+86-132-1639-8686
鄭州（一）	+86-138-3838-8087
鄭州（二）	+86-0371-5658
濟南	+86-133-7051-5166
長沙	+86-158-7422-1069
天津	+86-186-2205-6181
寧波	+86-139-57807085

beverly®
比佛利名床

幸福從這一刻開始

• 白宮系列 紫鳳凰

極致工藝 台灣精品

具有30年台灣手工製造的老牌歷史，
我們堅持沿用傳統手作床墊工藝，每
處細節都藏著對品質的堅持，結合多
種創新媒材，在堅持黃金比例之下，
獨家打造Comfor Duo 720°智慧科技
，能包覆支撐全身每個點、線、面，
全面釋壓，睡起來安穩舒適，給予人
體睡姿最均衡的支撐。

健康有機 無毒生活

幸福的生活根源於守護每一位家人的
健康。我們堅持整張床墊100%採用
天然健康材質製作，捨棄對人體有害
的材質。在當家人放鬆躺下床的那一
刻起，如同投身母親溫柔懷抱中，讓
人有那種充滿舒適、安全的感受，絲
毫不用擔憂床墊是否有任何有害物質
，在睡夢中傷害家人的健康。

金鑽系列　　　白宮系列　　　華貴系列　　　飯店系列　　　精緻系列

凡達床業有限公司　0800-852-999

 比佛利名床　｜Q　www.beverlymattress.com

kitchen廚房設計觀點

從策劃、研發、設計、製造、安裝、代理配套、技術諮詢到售後
服務為一體的廚房設備、系統櫥櫃,積極打造完美料理生活的環
境條件。 ～吳榮宸(棕伸歐化廚具)

真正的理想廚房都必須「客製化」

家庭主婦(煮夫)對於居家空間最期待的地方,除了開闊的客、餐廳可以
關懷到家人間的互動之外,就要屬於廚房空間的規劃了!隨著生活精緻
化、風格化的要求,廚房空間在設計規劃上,比以往更加多元而豐富。

文= 孔婕瑀　空間設計暨圖片提供=棕伸歐化廚具

廚房不再死守一字型、L型或ㄇ字型

棕伸歐化廚具吳榮宸總經理強調，消費者多認為空間設計可以客製化，相對廚房空間的規劃也是一樣。「廚具設備除了依照廚房空間尺寸，顏色、機能、樣式也完全可以依照使用者需求而量身訂做，跳脫傳統刻板的一字型、L型或ㄇ字型的模式機能。」吳榮宸總經理表示。

完美料理廚房01：【客製化】詳細的諮詢過程

很多邀費者想要更換廚房時，都盲目找不同廠商報價，關於這一點，從事廚具設計達三十二年經驗的吳榮宸總經理說，現在廚房和以前完全不同，他尤其注重「客製化過程」，從諮詢介紹開始，即派專業設計人員至現場丈量、設計置圖、報價、工廠施工、現場組裝，全部一次到位。曾經有位在彰化的客戶，一開始想要的設計東改西改，他都從台北南下四次，直到客戶猶疑的心完全確定下來，他才會進行製作。

完美料理廚房02：【施工快】乾淨快速半天完成

因為事前溝通精準，到現場只需要半個工作天即可組裝完成，不僅免於現場施工製造產生的灰塵，也透過完美量身訂製的設計，讓廚房料理空間可以發揮百分百的收納以及烹調的使用機能。而且客戶在使用一段時間後，如果發現開關、抽屜不是很順手，只要來電通知，一定要馬上過去調整到方便使用。

廚具要容易清潔的材質選擇

市面上廚具的材質種類非常多，價格也有相當大的差異，但是，吳榮宸總經理還是覺得，廚房是難免有油煙、水氣與蟑螂進出的地方，他認為不鏽鋼材質是比較適合台灣家庭使用的。

完美料理廚房03：【不鏽鋼材質桶身】防腐、防霉、易維護

棕伸歐化廚具的櫃體主要材質，以純不鏽鋼為主。

因為台灣氣候多屬潮濕，木作櫃體較不耐時間上的使用維護，多會產生發霉、變形、蟲蛀等問題；然而不鏽鋼本身則因材質堅固且不易變型、具備不易腐蝕(蟲蛀)、不易發霉(潮濕)、乾淨、好清潔與維護整理，同時不會產生甲醛問題。

完美料理廚房03：【不鏽鋼材質桶身】防腐、防霉、易維護

而在廚櫃門片的搭配上，也有結晶鋼烤、水晶板、不鏽鋼板，可提供選擇；檯面部分也有：人造石、石英石、不鏽鋼，可依現場設計風格，做出完美詮釋。目前吳榮宸總經理說：「因為消費者愈來愈要求品質與質感的整體搭配，所以我們一直不斷研發新的產品之外，也同時就視覺上的感官要求，將不鏽鋼材質融入茶色、香檳色以及其他客製化顏色的套色處理，化解不鏽鋼本身帶給空間的冷調調性。

不鏽鋼材質的維護小撇步

目前市售不鏽鋼都屬於較好維護的材質，僅需使用濕布或清潔劑、每天輕拭即可，較不易藏汙納垢，不建議使用菜瓜布。

廚櫃或中島的檯面、筒身、門片如使用不鏽鋼材質，本身應度夠，正常擦拭即可。

📖 BEST BUY

棕伸歐化廚具

地址｜新北市五股鄉登林路 97-7 號
電話｜02-2292-7076
傳真｜02-2292-7093
網址｜www.jungshen.com.tw
信箱｜js7076@yahoo.com.tw

我每天許3個願望 . . .

不要懷疑，
當室內燈光暗下來之後，
天花板及壁面卻能呈現3D的立體感，
讓妳想置身於浩瀚星空中或汪洋大海裡，
都不再是天方夜譚。

當您關燈時，大片星河進入眼簾

白天看不見，完全不受干擾您原有的住家設計

STAR ART

http://www.starlucky.com 24 小時服務專線：0991-290290 E-mail:w6636@ms9.hinet.net

星空夜語藝術有限公司 台北市重慶北路一段 22 號 11 樓之一

Tel:02-2421-7171,02-2748-9951 Fax:022421-7272

家 就是人的生活空間
Home is where daily life takes place

Howie Chang
精準執行的具現者

張志浩
築居空間美學館
02-27556928
大安區仁愛路三段28號2樓
zhuju.me

吳文靖

立禾室內裝修工程・安禾室內裝修工程

提煉純粹的空間醫者

設計師是過渡者，將人的雜物雜念一一過濾

使新的空間裡沒有多餘的東西，生活是純粹而美好的

Jean Wu　　　新竹市東區培英街2號　　03-5721360　　　www.lava-design.com.tw

美麗殿設計有限公司

02-27220803
台北市信義區光復南路547號5樓之3
www.lmad.com.tw

The home consists of exciting,
memorable,
 touching moments.
家是製造不同驚喜與感動的容器。

Interior designers help homeowners achieve their dreams,

設計師是協助屋主築夢的天使

Darling Ou
歐惠華

雅趣空間規劃設計工作室
台北市和平東路三段7號11樓之1
MOBILE:0936-622-996

好設計不應受風格所制約，
而是做好比例拿捏。

Great designs emphasize
best fit without stylistic
dogma.

Eddy Lin
林輝明

"我嘗試著將自己的書法轉化為不同面貌呈現，
使之有如空間中的抽象符號般，
暈染出一點東方文化的底蘊，但又不至於形成風格的束縛。"

伊家室內設計有限公司

02-27775521　台北市大安區忠孝東路三段217巷6弄10號1樓　www.e-plus.tw

Great designs utilize spaces effectively、

赫陞空間規畫設計
02-23777988
www.hesheng.com.tw

Nick Hsieh
謝長佑

Designs that integrate
function and aesthetics to
facilitate the ideal lifestyle.

融合機能與美感，
讓設計更貼近夢想生活。

鄭珊怡、陳建泰

邑天室內設計

02-26570838
台北市內湖路一段737巷33弄13號
www.yt0325.com

Carol Cheng

"以人文精神成就風格的發展，貼近業
主的生活型態，完整的構析情感的能量，
傳達出場域具體而微的實在魅力。"

風和文創

舒適的生活，從幸福規劃居家開始！

SH 美化家庭全系列室內裝修工具書

給想要「好空間」最體貼的協助！

裝潢指導聖經
定價 360 元

隔間＋收納機關王
定價 360 元

老屋變新家
定價 360 元

人生出走；自地蓋民宿
定價 360 元

最愛民宿圓夢計畫增訂版
定價 360 元

安心裝修健康宅
定價 360 元

好體貼的家設計
定價 360 元

貓咪探險家
定價 320 元

**30 萬元就動工
分段施工提早享受**
定價 360 元

誠品、金石堂、博客來等各大書店與網路書店及量販賣場好評發售中
www.sweethometw.com

國家圖書館出版品預行編目資料

淘寶老房子，民宿就有故事 / 張嘉玲,SH美化
家庭編輯部合著. --初版. -- 臺北市：風和文創,
2015.01
　　面；　公分
ISBN 978-986-90734-6-2(平裝)
1.房屋 2.建築物修繕 3.家庭佈置 4室內設計
422.9　　　　　　　　　　103024857

淘寶老房子，民宿就有故事

作　　者	張嘉玲、SH美化家庭編輯部		業務協理	陳月如
企　　劃	謝昭儀		行銷主任	鄭澤琪
授權出版	凌速姊妹（集團）有限公司		出版公司	風和文創事業有限公司
封面設計	周家瑤		網　　址	www.sweethometw.com
內文設計	何仙玲		公司地址	台北市中山區松江路2 號13F-8
總 經 理	李亦榛		電　　話	02-25361118
主　　編	張愛玲、謝昭儀		傳　　真	02-25361115
攝　　影	李有虞		EMAIL	sh240@sweethometw.com

台灣版SH美化家庭出版授權方

IΞSG
凌速姊妹 (集團) 有限公司
In Express-Sisters Group Limited

公司地址	香港九龍荔枝角長沙灣道883號
	億利工業中心3樓12-15室
董事總經理	梁中本
EMAIL	cp.leung@iesg.com.hk
網址	www.iesg.com.hk

總經銷	知遠文化事業有限公司		製版	彩峰造藝印像股份有限公司
地址	新北市深坑鄉北深路三段155巷25號5樓		電話	02-82275017
電話	02-26648800		印刷	勁詠印刷股份有限公司
傳真	02-26648801		電話	02-22442255

定價 新台幣380 元
出版日期2015 年1月初版
PRINTED IN TAIWAN 版權所有 翻印必究 (有缺頁或破損請寄回本公司更換)

……SH懂你也讓你讀得懂……

……SH懂你也讓你讀得懂……